青少年心理自助文库
自强丛书

自乐

且放白鹿青崖间

孙丁丁/编著

相信什么都没有完美的，未来
充满了期待。摔倒了，只要勇
敢地站起来，一切皆有可能！

中国出版集团　现代出版社

图书在版编目(CIP)数据

自乐:且放白鹿青崖间 / 孙丁丁编著. —北京 : 现代
出版社, 2013.7

ISBN 978-7-5143-1604-9

Ⅰ. ①自…　Ⅱ. ①孙…　Ⅲ. ①挫折(心理学) – 青年读物
②挫折(心理学) – 少年读物　Ⅳ. ①B848.4 – 49

中国版本图书馆 CIP 数据核字(2013)第 149184 号

编 著	孙丁丁
责任编辑	窦艳秋
出版发行	现代出版社
通讯地址	北京市安定门外安华里 504 号
邮政编码	100011
电 话	010 – 64267325 64245264(传真)
网 址	www.1980xd.com
电子邮箱	xiandai@ cnpitc. com. cn
印 刷	北京中振源印务有限公司
开 本	710mm ×1000mm　1/16
印 张	14
版 次	2019 年 4 月第 2 版　2019 年 4 月第 1 次印刷
书 号	ISBN 978-7-5143-1604-9
定 价	39.80 元

P 前 言
REFACE

为什么当今时代一部分青少年拥有幸福的生活却依然感觉不幸福、不快乐？又怎样才能彻底摆脱日复一日的身心疲惫？怎样才能活得更真实、更快乐？越是在喧嚣和困惑的环境中无所适从，我们越是觉得快乐和宁静是何等的难能可贵。其实，正所谓"心安处即自由乡"，善于调节内心是一种拯救自我的能力。当我们能够对自我有清醒认识，对他人能够宽容友善，对生活能无限热爱的时候，一个拥有强大的心灵力量的你将会更加自信而乐观地面对一切。

青少年是国家的未来和希望。对于青少年的心理健康教育，直接关系着下一代能否健康成长，能否承担起建设和谐社会的重任。作为家庭、学校和社会，不能仅仅重视文化专业知识的教育，还要注重培养孩子们健康的心态和良好的心理素质，从改进教育方法上来真正关心、爱护和尊重他们。如何正确引导青少年走向健康的心理状态，是家庭、学校和社会的共同责任。因为心理自助能够帮助青少年解决心理问题、获得自我成长，最重要之处在于它能够激发青少年自我探索的精神取向。自我探索是对自身的心理状态、思维方式、情绪反应和性格能力等方面的深入觉察。很多科学研究发现，这种觉察和了解本身对于心理问题就具有治疗的作用。此外，通过自我探索，青少年能够看到自己的问题所在，明确在哪些方面需要改善，从而"对症下药"。

成功青睐有心人。一个人要想获得事业上的成功，就要有自信，就要把握住机遇，勇于尝试任何事。只有把更多的心血倾注于事业中，你才能收获

前言

成功的果实。

远大的目标是人生成功的磁石。一个人如果仅仅拥有志向，没有目标，成功就无从谈起。

一个建筑工地上有三个工人在砌一堵墙。

有人过来问:"你们在干什么?"

第一个人没好气地说:"没看见吗? 砌墙。"

第二个人抬头笑了笑说:"我们在盖幢高楼。"

第三个人边干边哼着歌曲，他的笑容很灿烂:"我们正在建设一个城市。"

十年后，第一个人在另一个工地上砌墙;第二个人坐在办公室里画图纸，他成了工程师;第三个人呢，是前两个人的老板。

三个原本是一样境况的人，对一个问题的三种不同回答，反映出他们的三种不同的人生目标。十年后还在砌墙的那位胸无大志，当上工程师的那位理想比较现实，成为老板的那位志存高远。最终不同的人生目标决定了他们不同的命运:想得最远的走得也最远，没有想法的只能在原地踏步。

远大美好的人生目标能吸引人努力为实现它而奋斗不止。每当你懈怠、懒惰的时候，它犹如清晨叫早的闹钟，将你从睡梦中惊醒;每当你感到疲惫、步履沉重的时候，它就似沙漠之中生命的绿洲，让你看到希望;每当你遇到挫折、心情沮丧的时候，它又犹如破晓的朝日，驱散满天的阴霾。

在人生目标的驱策下，人们能不断地激励自己，获得精神上的力量，焕发出超强的斗志。那样，你就能收获成功的果实。

本丛书从心理问题的普遍性着手，分别描述了性格、情绪、压力、意志、人际交往、异常行为等方面容易出现的一些心理问题，并提出了具体实用的应对策略，以帮助青少年读者驱散心灵的阴霾，科学调适身心，实现心理自助。

本丛书是你化解烦恼的心灵修养课，可以给你增加快乐的心理自助术。本丛书会让你认识到:掌控心理，方能掌控世界;改变自己，才能改变一切。本丛书还将告诉你:只有实现积极心理自助，才能收获快乐人生。

C目录
ONTENTS

目录

1

自乐

且放白鹿青崖间

第六篇　能耐孤独方为豪杰

第七篇　快乐源于内心的淡定

自乐

第一篇 >>>

活在当下就是禅

　　为什么有人会"不在当下",这是一个复杂而有趣的问题,而且这往往并不关乎他是否聪明、是否有能力或接受教育的程度,而是他是否有"活在当下"的个性。

　　几乎所有的职业、各种年龄、不同教育程度的人,都有可能会因种种原因,有"不在当下"的倾向。

　　在乎别人的看法只能扰乱自己的分寸,分散了自己本该用于思考的精力,人生也就迷失了方向,只有我行我素,高标自立,不为别人的眼光违背自己的心意,才会达到快乐自在的生活状态。

人要为自己而活

人，是一个很奇怪的生物。很多时候，他会因为顾忌别人的看法而改变初衷。明明告诫自己"走自己的路，让他人说去吧"，不必理会别人怎么说，不必在意别人的脸色，可当他面对众人时，却又跳不出这个怪圈了。

其实，别人的看法不一定是一面镜子，最重要的还是自己问心无愧！人生的束缚实在太多了，何必自己给自己找罪受！人活着，不是活给别人看的，而是为自己而活的！如果你每做一件事都要瞻前顾后、畏首畏尾，岂不是很没有自我，岂不是很累？

其实，任何一个人都无法做到让每个人满意，尽管他已是竭尽全力了。因此一个人无须因为别人的讨厌而失望，并且要时刻提醒自己：无论你怎样卓尔不群，仍会有人不喜欢你，其实，这无所谓，只要自己开心就好。

布恩·塔金顿是20世纪美国著名的小说家和剧作家，他的作品《伟大的安伯森斯》和《爱丽丝·亚当斯》，均获得普利策奖。

在一次艺术家作品展览会上，两个小姑娘十分虔诚地请他签名。

"我没有带钢笔，用铅笔可以吗？"布恩·塔金顿其实知道她们是不会拒绝自己的，他只是想表现一下，身为一个著名作家谦和地对待普通读者的大家风范。

"当然可以。"女孩们果然爽快地答应了，并且非常高兴地接受。一个女孩很快地将精致的笔记本递给布恩·塔金顿。他取出铅笔，潇

洒自如地写上了几句鼓励的话语并签上了自己的名字。

谁知道女孩看过他的签名之后，将眉头皱了起来，并仔细地观看布恩·塔金顿，问道："你不是罗伯特·查波斯？"

"不是，我是布恩·塔金顿，《伟大的安伯森斯》和《爱丽丝·亚当斯》的作者，两次获得普利策奖。"

不料，这个女孩扭过来脸对另外一个女孩不屑地耸耸肩膀说："玛丽，请把你的橡皮借我用用。"

刹那间，布恩·塔金顿感到无地自容，所有的骄傲和自负化作乌有。回到家里，布恩·塔金顿仍然为刚才的不快感到难过。这时，他的儿子走上前来，给了布恩一个橘子。布恩·塔金顿的儿子非常喜欢吃橘子，可布恩·塔金顿本人平常再好的橘子也不吃。于是，儿子就劝爸爸说橘子富含维生素 C，多吃对身体有好处。心情烦躁的布恩·塔金顿回答道："再好的橘子我也不喜欢吃，因为我压根就不喜欢橘子的味道。"

话音刚落，他突然意识到了什么，立刻高兴了起来。原来，他顿悟了一个道理：哪怕再好的橘子，也照样有人不喜欢。人何尝不是如此呢？

我们无法做到人人满意，即使是自我感觉很优秀的时候，也要时刻提醒自己：无论你怎样卓尔不群，仍然会有人不喜欢你。

生活中经常可以见到一些人放弃了自己的意愿，活在别人的标准里，一如喜欢怀旧的人总活在过去的阴影里，在别人的评价里找寻自我存在的价值。这实在是很悲哀的事！

体坛"飞人"迈克尔·约翰逊对于自己的成长经历就有过这样的感慨："有梦想很重要，永远要相信自己，不要太在意别人的目光。"他是这样说的，也是这样做的。

迈克尔一向不在意别人的评论。世人大概永远不会忘记他的跑

姿，太特别了——挺胸、撅臀、梗着脖子。在《阿甘正传》这部电影出现之前，人们给他取的绰号是"鸭子"，其后，才被唤作"阿甘"。无数人对他的跑姿发难，他既不恼怒，也不改正。他说："我的跑姿和身材有关，是自然形成的。许多人都批评过这种姿势，说技术是多么的不合理，但我始终坚持。"

这怪异的跑姿却使迈克尔夺得了5枚奥运会金牌及9枚世界田径锦标赛金牌。尤其具有传奇色彩的是在1996年的亚特兰大奥运会上，国际田联和国际奥委会破天荒地专门为他修改了田径赛程，把400米和200米半决赛之间的休息时间从50分钟改为4个小时。这个"善意的体谅"最终让迈克尔在那4个小时间，一举包揽下200米和400米两项金牌。

2000年悉尼奥运会，迈克尔拿下400米和4×400米冠军（最后一棒）后，宣布退役。那年他33岁，人们朝着他的背影说："他留给我们的，是几个属于21世纪的纪录。"

如今已经投身体育教育的迈克尔给孩子们的建议是："永远要相信自己，不要太在意别人的目光。"一如当年他面对别人向他的跑姿发难时的平静。

如果你太在意别人的眼光，那么给你几条建议：

1. 对你自己说，你心里究竟想要什么样的生活？想得到什么样的快乐？搞清楚自己到底需要什么，不需要什么？搞清楚这个问题后，你才能初步解脱。

2. 生命原本很简单，许多事情都是自己搞复杂了，一心想在别人心目中留下一个完美无缺的印象，这怎么可能？别人怎么看你，那是他的事。有时尽管你很努力了，别人仍会觉得你如何如何，你总不能一辈子为了别人而活吧？尽管有些人对你很重要，你越表现反而可能越糟糕，你就是你自己，有什么好怕的？

3. 活你自己的就行，管别人怎么样呢？大家都在做自己的事情，

你也把注意力放在事上吧，不要总惦记着别人怎么评价你。你把事情做好了，大家自然会用欣赏的眼光注视你；你整天在一些无关痛痒的小事上纠缠不清，只能是作茧自缚。在别人心目中，我们并没有自己想象的那么重要，我们也许有些顾影自怜和自作多情了吧！

4. 人是有主动性、能动性的。你需要主动去寻找快乐，主动运动，主动做你喜欢做的事情！不喜欢的人，不喜欢的环境，那就暂时避开吧。一个人去郊外散散心，调整一下吧！

让所有人都说你的好话是很难也很累的，只要自己按照自己的原则，根据自己的价值观和人生观去做事儿，那样就会活出自己精彩的人生。

心灵悄悄话

生活中，我们的态度决定着一切，我们无法去左右别人的看法与观点，但我们可以坚定自己的信念，可以选择自己的做法。对于别人的评价，我们可以作为参考，以接纳的胸怀和谦虚的态度从中汲取有价值的营养，但我们绝不能因此而动摇自己的原则与决心！

活在当下才会幸福快乐

有个小和尚，每天早上负责清扫寺院里的落叶。

清晨起床扫落叶实在是一件苦差事，尤其在秋冬之际，每一次起风时，树叶总随风飞舞。每天早上都需要花费许多时间才能清扫完树叶，这让小和尚头痛不已。他一直想要找个好办法让自己轻松些。

后来有个和尚跟他说："你在明天打扫之前先用力摇树，把落叶统统摇下来，后天就可以不用扫落叶了。"小和尚觉得这是个好办法，于是隔天他起了个大早，使劲地猛摇树，以为这样他就可以把今天跟明天的落叶一次扫干净了。一整天小和尚都非常开心。

第二天，小和尚到院子里一看，他不禁傻眼了。院子里如往日一样满地落叶。老和尚走了过来，对小和尚说："傻孩子，无论你今天怎么用力，明天的落叶还是会飘下来。"小和尚终于明白了，世上有很多事是无法提前的，唯有认真地活在当下，才是最真实的人生态度。

人世间的很多不开心，常常是因为我们没有珍视身边所拥有的，等失去它时才又懊悔不已。因此，生活中，无论情况好坏我们都要抱着积极的心态，不要让沮丧取代热情。

生命可以价值很高也可以一无是处，就看你如何选择。看不到将来的希望，就激发不出现在的动力，消极的心态会摧毁人们的信心，使希望泯灭。

自乐

一天早餐后，有人请佛陀指点。佛陀邀他进入内室，耐心聆听此人滔滔不绝地谈论自己存疑的各种问题，最后，佛陀举手，此人立即住口，想知道佛陀要指点他什么。

"你吃了早餐吗？"佛陀问道。

这人点点头。

"你洗了早餐的碗吗？"佛陀再问。

这人又点点头，接着张口欲言。

佛陀在这人说话之前说道："你有没有把碗晾干？"

"有的，有的，"此人不耐烦地回答，"现在你可以为我解惑了吗？"

"你已经有了答案。"佛陀回答，接着把他请出了门。

几天之后，这人终于明白了佛陀点拨的道理。佛陀是提醒他要把重点放在眼前——必须全神贯注于当下，因为这才是真正的要点。

活在当下是一种全身心地投入人生的生活方式。当你活在当下，而没有过去拖在你后面，也没有未来拉着你往前时，你全部的能量都集中在这一时刻，生命因此具有一种巨大的张力。

这就是使生活丰富的唯一方式。除此之外的人们都是"贫穷"的。他们也许拥有世界上大部分的物质财富，但他们是"穷人"。世界上有两种穷人——富有的穷人和没有钱的穷人。充实的感觉和对物质财富拥有的多少关系不大，它往往和你生活的方式、生活的品质、生命的喜乐、生命的特性有关。而所有这些东西只有通过静心地感悟才可能得到其中的深意。

当生命走向尽头的时候，你问自己一个问题：你对这一生觉得了无遗憾吗？你认为想做的事你都做了吗？你有没有好好笑过、真正快乐过？

想想看，你这一生是怎么度过的：年轻的时候，你拼了命想挤进一流的大学；随后，你巴不得赶快毕业找一份好工作；接着，你迫不

及待地结婚、生小孩，然后，你又整天盼望小孩快点长大，好减轻你的负担；后来，小孩长大了，你又恨不得赶快退休；最后，你真的退休了，不过，你也老得几乎连路都走不动了……当你真正想停下来好好喘口气的时候，生命也快要结束了。

其实，这不就是大多数人的写照吗？他们劳碌了一生，时时刻刻为生命担忧，为未来做准备，一心一意计划着以后发生的事，却忘了把眼光放在"现在"，等到时间一分一秒地溜过，才恍然大悟"时不我予"。

一位作家这样说过："当你存心去找快乐的时候，往往找不到，唯有让自己活在'现在'，全神贯注于周围的事物，快乐便会不请自来。"

智者常劝世人要"活在当下"。

到底什么叫作"当下"？简单地说，"当下"指的就是：你现在正在做的事、待的地方、周围一起工作和生活的人；"活在当下"就是要你把关注的焦点集中在这些人、事、物上面，全心全意认真去接纳、品尝、投入和体验这一切。

你可能会说："这有什么难的？我不是一直都活着并与它们为伍吗？"话是不错，问题是，你是不是一直活得很匆忙，不论是吃饭还是走路、睡觉、娱乐，你总是没什么耐性，急着想赶赴下一个目标？因为，你觉得还有更伟大的志向正等着你去完成，你不能把多余的时间浪费在"现在"这些事情上面。

不只是你，大多数的人都无法专注于"现在"，他们总是若有所思，心不在焉，想着明天、明年，甚至下半辈子的事。

有人说"我明年要赚得更多"，有人说"我以后要换更大的房子"，有人说"我打算找更好的工作"。后来，钱真的赚得更多，房子也换得更大，职位也连升好几级，可是，他们并没有变得更快乐，而且还是觉得不满足："唉！我应该再多赚一点，职位更高一点，想办法过得更舒适！"这就是没有"活在当下"，就算得到再多，也不

会觉得快乐，永远也不会满足。忘了真正的满足不是在"以后"，而是在"此时此刻"，那些想追求的美好事物，不必费心等到以后，现在便已拥有。

❤心灵悄悄话

假若你时时刻刻都将力气耗费在未知的未来，却对眼前的一切视若无睹，你永远也不会得到快乐。或许人生的意义，不过是嗅嗅身旁每一朵绮丽的花，享受一路走来的点点滴滴而已。毕竟，昨日已成历史，明日尚不可知，只有"现在"才是上天赐予我们最好的礼物。

认真过好每一天

一位智者曾说："生，非我所求；死，非我所愿。但生死之间的岁月，却为我所用。"我们不应感叹往事如烟、时光飞逝，不能整天生活在对明天的期盼中，而应该把握每一个今天，让生命里的每一天都过得有意义，这对平凡的我们来说就是成功。

汤姆斯·卡莱里说过："最重要的是不要去看远处模糊的，而要去做手边清楚的事。"对于一个聪明人来说，每一天都是一个值得享受的日子。明天只是一个虚幻的美梦，唯有今天、唯有现在才是真实的。所以，如果你期待在未来的日子里获得成功，请充实地过好每一个今天。

世界卫生组织的调查显示，全球每年有190万人因劳累猝死。大工业时代延续至今的"快文化"，使全世界每百人中就有40人患上"时间疾病"。

某公司的一个中层干部，年仅三十多岁，不知为何在家中突然去世，经法医鉴定为猝死。有熟悉内情者称，其为连续加班熬夜导致过度疲劳而死。在该公司，基本上每个人都加班，公司还专门买了折叠床放在办公室，最多一次曾连续加班5个通宵。

现在"时间就是金钱，效率就是生命"成了很多人的守则。每天疲于奔命成了多数人的共同感受。随着经济发展和竞争压力增大，人们的生存状态也越来越缝隙化和拥挤化。为了工作，很多人不得不放

弃节假日，为了创造出更多的经济利润，不得不将脚步迈得飞快。

我们早上起来洗脸刷牙去挤公交车，每天上班是为了领薪水，领薪水是为了能存钱买车买房子，等买到房子就得为了还月供而不停地工作。我们没有时间去想自己曾经的梦想或追随内心深处的欲望，现在我们很多人都被时间追赶，恨不得同时完成好几件事情，很多时候我们一边接电话一边写邮件，或一边看文件，觉得这样利用时间才是充实的，然而却忽略了什么才是真正的充实。

一位美国商人从事的是一项很烦人的事业，但是他对此抱有很大的希望，认为在不久的将来可以获得成功。然而每当工作的时候，他就表现出心烦意乱，恨不得时间过得快点。他开始学会喝酒，而且觉得在进餐前喝几杯葡萄酒可以让自己紧张的心情得到放松。可酒和累人的工作又使他昏昏欲睡，因此他常常喝完酒之后就忍不住睡着了，工作也因此受到了影响。

有一天，这位商人意识到这样下去不但浪费时光，自己的事业也不会取得成功，况且自己活得非常疲惫。于是他决定不再贪杯，而要把更多的时间放在家庭和工作上，尽量让自己每天都过得开心。

刚开始时他很难抵挡酒的诱惑和工作的烦闷，但他不停地告诫自己现在的每一天都是珍贵的，每一天都有应该做的事情，不容许再浑浑噩噩下去。后来的事实证明，他越是关心家庭和子女，对工作的热情也就越大。最后，他在事业上真的获得了成就。

当你觉得生活和工作枯燥无味的时候，你应该努力克服自己的惰性和浮躁，把注意力集中于实实在在的每一天。当你遇到困难时，想象一下克服困难之后的快感。把每一天都当作最后一天来过，你就没有时间去失意和悲叹，而是积极投身于实现目标的实践中。

"一屋不扫，何以扫天下"，任何伟大的功绩都来源于小事；"一日不过，何以过人生。"

任何一个有意义的人生都是源于过好每一天。如果你不能踏实过好每一天，你的人生会缺少充实，更别谈成就。所以，我们应该用坚实的脚步和不屈的奋斗，走好每一天该走的路，做好每一天该做的事情。

　　每一天都像流水，在人们眼前一晃而过，它不会因为你的开心或是痛苦而停止流动。生活中有些人，喜欢沉湎于过去的美好回忆或抱怨现在生活的种种不幸。其实何必要为打翻的牛奶而哭泣呢，因为这样你不仅会失去美好的今天，你还会失去明天的太阳。如果你开心地面对生活，生活也会回馈你最好的礼物——充实，这可是人生最平凡的也是最伟大的成功。

　　人生永远活在今天，人生是一个现在进行时，回忆昨天是无益的，憧憬明天是虚幻的，唯有把握今天才是明智的，用心过好每一天，明天就会有收获。但丁说："想一想吧，这一天永远不会再来了。生命正以令人难以置信的速度飞快地溜过。今天才是最值得我们珍视的唯一时间。"所以我们应该把握生命里的每一天，让每一天变得光荣、尊贵、平和而富有价值，这就是一种成功。

心灵悄悄话

　　人活着，就应该认真踏实地过好每一天，因为昨天已经过去永远不会回来，而明天还没到来，只有当下的这一天——今天，才是最真实的，才是我们所拥有的。因此，我们要以敏锐的心过好每一天，认认真真地、开开心心地过好每一天。

珍惜现在所拥有的一切

有一位作家这样说过："当你存心去找快乐的时候，往往找不到，唯有让自己活在'现在'，全神贯注于周围的事物，快乐便会不请自来。"其实，人们来到世上的目的就是让我们好好享受自己经历的每一点一滴，感受身旁的每一件事，关注正在进行的生活，不要去想过去的事情，也不要担忧未来的生活，你才能无忧无虑、开开心心。用一颗平常的心态去对待今天，把当下的事情做好，切实地感受生活的点点滴滴，才能理解生活和快乐的真正含义！

安徒生有一篇名为《老头子总是不会错》的童话故事：

乡村有一对清贫的老夫妇，有一天他们想把家中唯一值点钱的一匹马拉到市场上去换点更有用的东西。老头牵着马去赶集了，他先与人换得一头母牛，又用母牛去换了一只羊，再用羊换来一只肥鹅，又把鹅换了母鸡，最后用母鸡换了别人的一口袋烂苹果。

在每次交换中，他都想给老伴一个惊喜。当他扛着大袋子来到一家小酒店歇息时，遇上两个英国人。闲聊中他谈了自己赶集的经过，两个英国人听后哈哈大笑，说他回去准得挨老婆子一顿揍。老头子坚称绝对不会，英国人就用一袋金币打赌，三人于是一起回到老头子家中。

老太婆见老头子回来了，非常高兴，她兴奋地听着老头子讲赶集的经过。每听老头子讲到用一种东西换了另一种东西时，她都充满了对老头子的钦佩。她嘴里不时地说着："哦，我们有牛奶了！""哦，羊奶也同样好喝。""哦,鹅毛多漂亮!""哦,我们有鸡蛋吃了。"

最后听到老头子背回一袋已经开始腐烂的苹果时,她同样不愠不恼,大声说:"我们今晚就可以吃到苹果馅饼了!"

结果,英国人输掉了一袋金币。

从这个故事中我们可以领悟到:不要为失去的一匹马而惋惜或埋怨生活,既然有一袋烂苹果,就做一些苹果馅饼好了。这样生活才能妙趣横生、和美幸福,而且,你才可能获得意外的收获。

快乐是什么?快乐其实很简单,就是珍惜你现在拥有的一切。有人为低工资而懊恼、忧郁,猛然发现邻居大嫂已经下岗失业,于是马上又暗暗庆幸自己还有一份工作可以做,虽然工资低一些,但起码没有下岗失业,心情转眼就好了起来。每个人总是看重自己的痛苦,而往往对别人的痛苦忽略不计,当自己痛苦不堪的时候,要是能够换一个角度来思考,痛苦的程度就会大大减弱。教你一个快乐的办法:当自己兴高采烈的时候,应多向上比,越比越会进步;当自己苦恼郁闷的时候,应多向下比,越比越会开心。

许多人不知道幸福是什么,就把"社会公认"的幸福标准当成自己的标准,把幸福量化为:两套住房,一辆汽车,漂亮老婆(有钱老公)等,一天到晚汲汲于此,幸福没有找到,时间却在焦灼中飞速流逝了。其实,要追求幸福,就不能按别人的曲子跳舞,要仔细倾听自己内心深处发出的声音,把自己的主客观条件像接受阳光和空气一样接受下来。

一位年轻的著名指挥家早年在音乐学院学习作曲和指挥,被认为是很有天赋的青年指挥家。可在获得硕士学位之后,他却出人意料地告别了音乐。为什么?因为音乐家"太穷、太苦"。后来,他成了一名地道的商人,一身名牌,出入商界名流之间。他赚了很多钱,然而,却感到自己并不快乐。终于,他重新选择了音乐,人生有时像一

自乐

条环行道，当年轻的指挥家重新拿起指挥棒，告别了锦衣玉食的生活，又回归到简单朴素的生活中来时，他才最终找到满足与快乐。

生活就是这样，获得快乐幸福的最简单方法就是去做自己喜欢的事，而这样必然要去选择，去放弃一些东西。其实，在我们的生活中，时刻都会在取舍中选择，懂得放弃才有快乐，背着包袱走路总是很辛苦，只有懂得放弃该放弃的才能有更多精力去获得自己该得到的。其实，人要有所得必要有所失，只有学会放弃，才有可能登上人生的最高峰。懂得了放弃的真意，静观万物，体会与世界一样博大的境界，我们自然会懂得适时地有所放弃！

选择自己喜欢的事会让我们感受到人生的快乐。珍惜我们现在所拥有的一切，知足常乐，在物质生活上不贪婪、不奢求，心境平和，知足而快乐。多一份宁静，少一些牢骚，多一分宽容和理解，就会让我们对生活充满信心，看到希望的曙光就在前面。只有拥有广阔的心胸，才能拥有旷达、乐观、快乐的人生。

心灵悄悄话

人若能以珍惜的情感对待生活中的每一天每件事，那么生活中的任何事都有了其存在的意义。因此，人生匆匆，为使一生不遗憾，就要学会珍惜，懂得珍惜，要学会珍惜现在拥有的一切，让自己的生活多几分舒适，少几分带牵挂的苦楚；多几分惬意，少几分带瑕疵的不如意。世间没有十全十美的事情，所以过去的就让它过去，曾经失去的就让它飘散在风中。

活在当下，让心中释然

在现代社会，我们的财富在增加，但满意度在降低；我们拥有的越来越多，但快乐越来越少；我们沟通的工具越来越多，但深入交流越来越少；我们认识的人越来越多，但真诚的朋友越来越少。究其原因，是因为我们过多地关注了过去和未来，而没有细心体会现在的生活、现在的快乐、现在的幸福，没有活在当下。

有人问一位禅师："什么是活在当下呢？"禅师回答："吃饭就是吃饭，睡觉就是睡觉。"

试问，对于自己来说，什么事情最重要？什么人最重要？什么时间最重要？有人可能会说，最重要的事情是升官、发财、买房、买车；最重要的人是父母、爱人、孩子；最重要的时间是高考、面试、婚礼、谈判。其实这些都不正确，最重要的事情就是现在你做的事情，最重要的人就是现在和你一起做事的人，最重要的时间就是现在，这就是活在当下。

有一位印度哲人曾总结出一条人生规律："上半生不犹豫，下半生不后悔。"这说的就是活在当下，在年轻时不要太担心未来的事情，在年老时也不可沉溺于过去。只有活在当下，该出手时就出手，该收手时就收手。

如果有两个人在昨天吵架了，到了今天他们仍然怒气相对，说明他们没有活在今天，而是活在昨天。

自乐

　　人们有活在过去的，有活在未来的，但真正活在当下的人很少。人只要快乐地生活，不要想太多，许多困扰自身的问题就可以迎刃而解。

　　活在当下意味着无忧、无悔。对未来会发生什么不去作无谓的想象与担心，所以无忧；对过去已发生的事不计较得失，所以无悔。这件事说来简单，但实行起来就没有那么容易。人通常对未来多少都有一些忧虑，这既包括自己及家庭未来的生活，又包括社会和国家的前途等。

　　当一个人能从自己的内心世界走出来，不忧不惧地面对并观察真正的自我及生活时，他一定会是个有能力而且能有益于社会的人。他不一定能成大功、立大业，但他一定能巧妙地发挥自己潜在的能力，利及自己与他人，这就是儒家所谓的"唯至诚者能尽其性"了。人能够"尽其性"而发挥自己的能力利及他人，才会真正快乐。

心灵悄悄话

　　活在当下意味着无忧无悔。对未来会发生什么不去作无谓的想象与担心，所以无忧；对过去已发生的事也不计较得失，所以无悔。人能无忧无悔地活在当下，不为一切由心所生的东西所束缚，这样的生活才轻松自在，幸福自由。

不要活在昨天的圆圈中

有些时候，我们会为过去的种种烦恼后悔，可是这些都无济于事。有些人容易为小事耿耿于怀，无法坦荡地面对自己的错误，就无法全心全意地向既定目标前进，花费过多时间追悔错误，于事无补，反而是一种损耗。

卡耐基说得好：每一个人永远只能活在今天的方格中，而不是活在昨天的圆圈里。不可划地自限，不求上进。"过去"和"未来"是生活中人们常说的语言，也是人类语言当中认为有些危险性的两个词，因为在"过去"和"未来"之间的今天，就像是一条挂在半空的绳索，当你走在这条绳索上，你会感觉到两边的空荡和危险，你会怕掉进那"过去"和"未来"，你也许知道，一旦掉进了任何一边，都将使你生活在迷茫之中。

但是，如果你单纯地过着今天的生活，你会无意中尝到一种片刻的甜蜜和自在，因为你不用顾虑那两边的危险，你就有轻快的步伐走在今天的大道，一步步走出今天，快乐的，开心的，都陪伴着你。在这个时候，你会保持着与这种生活同步的意识，你也就不会去在意那过去和未来的危险了。

劳合·乔治是英国前首相，他一直都有一个随手关住身后的门的习惯。

一天，乔治和朋友散步，经过每一扇门，他便随手把门关上。"你没有必要把这些门关上。"朋友说。乔治说："当然有必要，我这

一生都在关我身后的门。你知道，这是每个人都必须做的事。当你关门的同时，也把过去的一切全部留在了后面。然后，你就又可以重新开始了。"

听完乔治的话以后，他的朋友陷入了深思中。

也正是这种精神让乔治一步一步走向了成功，最后登上了英国首相的位置。

含义多么深刻的一句话啊："我这一生都在关我身后的门。"一个一直沉浸在过去回忆中的人又能看到什么呢？或许看到的是清清白白的少年时光，叛逆、无畏、令人炫目的美丽，看到了被尘封的温暖与荒凉，还有稍纵即逝的激情、狂想。右手倒影，左手年华，中间是岁月流逝。只会沉浸在过去的人，会对未来失去希望，从而裹足不前。

一个人没有希望是很可怕的，没有希望，就不会懂得今天的充实一定能带来明天的美好，不会相信前方等待自己的将是成功。这样的人活着也等于死了。其实我们每个人心里都应该有个温暖的太阳，照着自己，暖暖地前行。

刚刚摆脱掉昨天风雨的人们，难免身上会沾染一些尘土和晦气，心中多少留下一些酸楚的记忆，这些是没有办法完全抹掉的。

这时，我们就需要对昨天的错误做出一个总结，但我们不能对过去的失误和不愉快耿耿于怀，因为无论是悔恨还是伤感，都只会浪费你的感情与时间，却不能改变过去，不能使你变得更完美、更聪明。如果总是背着过去的沉重包袱，为逝去的流年伤感不已，那只会白白耗费眼前的大好时光，同时也等于把现在和未来统统放弃了。

总是一味地追悔过去，不仅不会让昨天发生任何改变，而且还会失掉现在，失掉现在，哪有未来？正像泰戈尔所说的一样："如果你为错过了月亮而伤感，那么你也要错过繁星了。"

每天都要把当天的事尽力做好，时光一去不复返，今天将是新的一天，应当振作精神，重新开始。不要把昨天犯下的错误再变成今天沉重的包袱，对你前行的道路造成不必要的阻碍。

　　生命是一步一个脚印的旅程，不是一场赛跑。昨天的事已经成为历史，明天是个未知数，而今天则是一个上天的礼物，这也就是我们要珍惜今天的理由了。

　　如果我们能够感悟到，只有今天是真实的，只有今天是我们实实在在拥有的，并能彻底觉悟到世间实际上无所谓昨天与明天，而只有今日是可靠的，那么我们生命中所享有的欢乐一定会更多！

心灵悄悄话

　　想要成为一个成功并且快乐的人，最重要的一点是记得随手把身后的门关上，学会将过去的错误、失误通通忘记，不要沉湎于懊恼、后悔之中，应该往前看。记得跟已逝去的过去隔绝，专心地把握好今天。人类的救赎就在今天，而耗费精力为昨天的挫折懊悔，只会拖累自己。所以，每个人都应该记得把身后的门关好，更好地活在今天。

第一篇　活在当下就是禅

不要把希望全寄托在明天

有这样一则寓言故事：

某一期间，因为下地狱的人突然减少了，阎罗王立刻召集群鬼，商讨如何诱人下地狱。牛头提议说："我们可以告诉人类：'丢弃良心吧！根本就没有天堂！'"阎王考虑一会儿，觉得行不通，于是摇摇头。马面提议说："我们可以告诉人类：'为所欲为吧！根本就没有地狱！'"阎王想了想，觉得这招骗术还是行不通，又摇摇头。过了一会儿，旁边一个小鬼说："很简单嘛！我们可以去对人类进行传播，告诉他们'还有明天'的概念。"阎王点了点头。一句"还有明天"，本来从乐观者的角度来说，是提示一个希望，可以让人奋发向上。但是，它从另一方面来说，是一个拖延行动的借口。反正随时都"还有明天"，人的意志就松懈了，就变得懒惰颓废，这才是人间真正的地狱！行动不一定带来快乐，但没有行动便一定没有快乐，更不会拥有美好的未来。

"明日复明日，明日何其多，我生待明日，万事成蹉跎。"明天永远都不会来，因为来的时候已经是今天。只有今天才是我们生命中最最主要的一天；只有今天才是我们唯一可以把握的一天；只有今天才是我们可以用来超出对手、超越自身的一天。

贪图未来的结果只有一个，就是会永远失去现在。虽然不能说未来是虚无缥缈的，但如果没有现在的行动，那么，未来终归变成虚无。没有谁可以推算生命的长度，也没有谁可以预算自己的未来。只有掌握现在的每一分每一秒，才能完善人生的每一个阶段，才能跨越人生的每一个刻度。

詹姆斯·布赖恩以优异的成绩从大学毕业的时候只有17岁，那年，他作为优秀学生代表在毕业典礼上发言。他演讲的主题是"受过教育的美国人的责任"，他的英语流利，雄辩有力，在场听众都被他的演讲震动了，大家对这位优秀的同学十分敬仰。

詹姆斯·布赖恩毕业以后，应聘到肯塔基州的一所军校任数学教师。校长赞扬说："你的才智帮助课堂里的那些急切盼望学习知识的学生开了眼界，获得了提高，你完全胜任你的工作。"其实，相对这份工作来说，布赖恩更喜欢做一位编辑，他时常会拿起笔为报刊写些文章，并从中得到莫大的快乐，他总在想，我一定要做一名编辑。

他不想寄希望于未来，不想等待着机遇的垂青，他想做自己真正想做的事。于是，当他得知缅因州首府奥古斯塔市有一份《肯纳贝克杂志》，杂志老板有意出售一半股权时，立刻意识到自己终于找到了真正要做的事，他毫不犹豫地买下了这部分股权，随后举家移居奥古斯塔。这成为他人生转折的关键点。

在布赖恩的主持下，杂志呈现出新的风格，受到读者的喜爱。读者欣喜地看到一份目光敏锐、切中时弊的新刊物，意识到主事的人应该是位天才编辑。确实，布赖恩虽然是第一次涉足这一领域，但他才华横溢，丝毫不逊色于在其中混迹多年的老编辑。他很快就把该州共和党的注意力吸引了过来。不到两年的时间，他就成为缅因州共和党的领袖，并成为1856年第一届共和党全国大会的代表。

詹姆斯·布赖恩的成功与声望都要归功于自我的选择，在他为自己的人生选择苦恼不已的时候，他没有犹豫和等待，也没有想象自己未来或成功或失败，没有寄希望于未来，而是果断地采取行动，给自

己的人生定准位置。当他找到自己的优势后，立即从教育转向了媒体，从而最后走入了政坛。如果他优柔寡断，寄希望于未来的神奇改变，那么，他将永远都没有快乐，没有成就感。

对未来，我们需要一个确定的方向，需要一个宏伟的蓝图，但是要把握住未来，我们首先要把握好现在，否则，一切都是空想，永远是一个不可触及的梦。如果你有梦想，那么就珍惜当下的每一刻，去实现它。

心灵悄悄话

未来会是精彩的，你可以憧憬，可以计划，但永远不要让未来成为你现在的阴影，不要为了它而忽视了现在。不要把希望全部寄托在未知的明天，因为明天的事情是无法预测的，人生有很多的意外和不幸是我们无法避免的。我们目前唯一能够做的，就是珍惜现在，珍惜眼前可以把握的幸福，这样我们才能获取真正的快乐与幸福。

第二篇 >>>

身无负累才快乐

在生活中,我们常常觉得累,焦虑总是不经意间就席卷了我们,让我们难以自拔。忧心忡忡、焦虑不安、烦躁好动、唠唠叨叨等都是焦虑性格的外在表现。我们总是担心生活中出现不良之兆,对未来满怀恐惧。

放下是种心态,曾子曰:"知止而有定,定而有能静,静而后能安,安而后能虑,虑而后能得"。"放下"不失为积极向上的人生!无论天空是晴朗,是阴霾,都应放下来,从现在开始,获得新的一米阳光,照耀前行的步伐!

一杯水足以压垮强壮的手臂

随着科学技术的日新月异，社会生活的节奏日渐加快，环境变化对人们精神上的影响是显而易见的，人们的困惑和焦虑日渐增长，这就是一些学者所称的"焦虑的年代"。

由于社会的急速发展，使得社会为个人提供的各种安全人际关系资源日渐匮乏，人们心理上的混乱感觉也在增长。当人们不断地感受到心理适应方面的困惑时，心理压力也随之不断增加，并降低人们的幸福感。

一般而言，心理压力是人们适应社会、环境的过程中产生的正常心理生理现象，适度的心理压力并不会影响我们的幸福生活和工作。但是，压力过大，持续时间过久，往往会对人们的身心产生负面、消极的影响。因此，在某种意义上，幸福有可能被过大或持续时间过久的心理压力压垮。

压力是指人们在应付超出应对能力的情境时，所产生的生理和心理上的反应。引起心理压力的原因是多方面的，一是压力源或者导致心理压力的生活或工作方面刺激影响；二是感受到这种压力源、压力事件的刺激，对刺激进行认知与评价，通过认知评价，认为自己难以应对刺激的影响和挑战时，就可能产生紧张焦虑等情绪性反应；三是个体应对环境变化的经验和能力，如果个体曾经积累了一定的应对挫折和挑战的能力，那么，环境变化就不至于导致过大的心理压力。

一般说来，构成心理压力的事件，多半都是"不好"的事件。但是，由于内心的平衡被打破，好的事件一样可以变成巨大的压力。除

了外在事件，普通的人际关系也能造成心理压力。只要是两个或两个以上的人在一起，身处其中的人就不可避免地会有压力，只不过这种压力有明显和不明显之分。人际间的压力主要来自这样几个方面：相互竞争，希望自己比别人表现得优异；控制他人而不要被他人所控制；力图使自己的言行符合他人的标准；想取悦别人以便达到某种目的；等等。所有这些，在程度较轻的时候都很正常，但是在程度较重时，就会让人们感觉到不快。

在一个培训班上，培训师拿起桌子上的一杯水，然后问台下的学员："各位，这杯水有多重？"有人说有半斤，有人说是一斤。

培训师则说："这杯水的重量并不重要，重要的是你能拿多久。拿一分钟，谁都能做到；拿一个小时，可能觉得手酸；拿一天，可能就得进医院了。其实，这杯水的重量并没有发生变化，但是你拿得越久，就越觉得沉重。这就像我们承担着压力一样，如果我们一直把压力放在身上，到最后就觉得压力越来越沉重而无法承担。我们必须做的是放下这杯水，休息一下后再拿起这杯水，如此我们才能拿得更久。所以，各位应该将承担的压力于一段时间后适时地放下并好好地休息一下，然后再重新拿起来，如此才可承担更久。"

有些心理压力则是由内心冲突造成的，这样的压力首先在价值观层面。一个人在成长的过程中，会接触到不同的价值观，某一些价值观是和另一些价值观相互对立的。于是我们的心灵就成了这些价值观斗争的战场。例如，任何人都可能受过利己和利他的教育，虽然多半通过非主流渠道，但一样会对人产生重大影响。在某种情形下必须做出决定的时候，压力就产生了。所以一个没有稳定价值观的人，他面对的心理压力比一个有稳定价值观的人要大得多。

承受压力的重荷，喷水池才喷射出银光般的花朵。适当的心理压力对有机体适应环境、应对问题是有利的，理想的生活不是没有压力

的生活，没有压力的生活是索然无味的。我们应该从积极的角度看待压力，学会自我心理调适，善用各种人际关系化解压力，早日摆脱压力，同时注意培养乐观、坚强、沉着、冷静和自律自强的良好品质。

调控压力不是要消灭压力，而是要把压力控制在一个适当的状态，这种状态就是既不要让压力超过自身承受能力，又要使自己在适度压力的推动下，精神饱满地工作和生活。

这里我们介绍几个调控压力的方法。

（1）正确认识心理压力。把压力视为人生正常的心理现象，在生活中，有心理压力是正常的事情。因此，调控压力不是要最终消除压力，而是要把压力保持在适当的状态。一方面，保持适度的压力，激励和鼓舞自己努力工作、获取成就；另一方面，把过高或过于持续的压力状态调控到自己可以忍受和调控的范围内，不使压力超过自己的承受能力。如果一个人抱着消灭压力的想法来调控压力，那么，这种想法就违背了心理压力的内在规律，最终可能"事与愿违"，难以真正调控心理压力。

（2）培养积极的自我观念。意识和观念就像调控压力的心理窗口，它调控着进入"心理活动"的内容，这些内容在一定程度上影响着人们的心理压力。

全面看待自己，肯定自己，了解自己的优势和劣势，对自己要有适当的评价，不过分自我炫耀，也不要过分自责。

（3）适当降低你的期望值。有时，人们的心理压力来自过高的期望值。当现实生活、工作、人际关系等不能满足人们过高的期望值时，无形中就会增加心理压力，增加消极情绪。因此，我们对待人、事、人际关系等不要期望太多，这样有利于我们保持平和的心态。当外部环境、他人和事情没有如自己所愿时，我们就能够理智而平静地对待，而不至于心理失衡。

（4）适当调整你的性格。有研究指出，个性急躁、急于求成、竞争取胜心过强的性格容易导致心理压力。因此，有以下的行为表现的

人要注意适当调整自己的性格：充满雄心壮志；对工作成就不满足，习惯做艰苦紧张的工作；情绪易激动；思维敏捷、有进取心，好竞争；常有时间紧迫感与匆忙感；难以自我松弛等。

（5）掌握缓解心理压力的基本要点，并坚持进行练习。世上没有那么多路需要时刻都绷紧了神经匆匆忙忙地赶，如果你永不停息地向前奔跑，那是对自己最残忍的伤害。只有那些既懂得为梦想去努力奋斗，又懂得经常让自己停下来思考人生、享受闲适的人，才能游刃有余地打点好生活中的一切琐碎事物，充分地享受一个丰硕的人生。

心灵悄悄话

时下，压力是人们经常遇到的问题，心理压力对身体的危害超出人们的想象：孩子的学习压力太大，影响健康成长；白领的工作压力很大，影响身心健康；领导者的压力也难以承受，甚至会影响领导能力的发挥；等等。要想生活得快乐幸福，就要学会放下，放宽心胸，减轻压力，从而使生活和工作处于更平和、从容、淡泊的状态，不以物喜，不以己悲。

放下为心灵减轻负担

人生在世，有些事情是不必在乎的，有些东西是必须清空的。该放下时就放下，你才能轻轻松松地享受生活，才能够腾出手来，抓住真正属于你的快乐和幸福！

每个人的心都是有一定限度的，不是所有的东西都可以装进来。就像一个装满水的杯子，只有倒出里面的水，才能再装进去另外的水一样，心也需要这样的清扫。我们都是凡夫俗子，不可能屏蔽掉一切会给心灵造成负担的东西，所以，我们就需要经常地给心灵做个大扫除，放下一些应该放下的东西，减轻心灵的负荷，还原心灵的本真，体验真正的快乐。

一个人觉得每天的生活不堪重负，没有丝毫的快乐可言。于是，他就去请教一位德高望重的哲人。哲人把一只竹篓放在他的肩上说："你背着它上路吧，每走一步都要从路边捡一块石头放在里边，看看是什么感受？"那个人虽然大惑不解，可还是按哲人说的去办了。可刚走了几百步，他就感到背负太重受不了了，因为竹篓里已经装满了沉重的石头。"知道你每天为什么不快乐吗？是因为你背负的东西太沉重了，它已经把你的快乐压抑殆尽了。"哲人从竹篓里一块一块地取出石头，他说，这块是功名，这块是利禄，这块是小肚鸡肠，这块是斤斤计较……当大半石头被扔掉后，那个人背起竹篓走起路来感到很轻盈。

自乐

快乐是简单的，只要你能放下。放下，就是要看得开，看得淡。如果总是把不如意的事记在心里，只会让自己更加的不开心。对一些不快乐的事情应坦然面对，波澜不惊；对工作生活中的琐事，要该放手的就放手；对一些恩怨情仇，不再纠缠，不再为自己增加无谓的烦恼……想开了，刹那间竟感到莫名的轻松，忽然有一种如释重负的感觉，多少天来的苦闷和烦恼、失落和迷茫，一下烟消云散了，走出困境，一切都是那么轻松美好。

放下，不是简单地把包袱从背上放在地上，而是要真正从心里放下。只要卸下心灵的负累，即使肩负千斤也是快乐的。相反，如果你的内心有着千斤重荷，即使肩扛一片鸿毛也能让你不堪重负。

一个富翁身背着许多金银财宝，到远处去寻找快乐。可是走过了千山万水，也未能寻找到快乐，于是他沮丧地坐在山道旁。一个农夫背着一大捆柴草从山上走下来，富翁说："我是个令人羡慕的富翁。请问，我为何没有快乐呢？"

农夫放下沉甸甸的柴草，舒心地揩着汗水："快乐也很简单，放下就是快乐呀！"看着农夫那发自内心的快乐，富翁在羡慕之余，立时茅塞顿开：自己背负沉重的珠宝，东躲西藏，老怕别人要、别人抢、别人的暗算，整日忧心忡忡，快乐从何而来？于是他便把珠宝、钱物用来接济穷人，专做善事，这样爱的雨露滋润了他的心灵，他从中体味到了快乐的甘甜。

当下，我们很多人就像故事中的富翁一样，一边在极力追求快乐，一边却又在拼命追求身外之物。结果是快乐没有找到，反而让身外之物压得自己喘不过气来。许多人以为，金钱越多，地位越高，更受宠爱，似乎自己的快乐也就越多。但事实上，这成了一个悖论，越是追求这些，快乐似乎离得越远。当你真的放下这些后，你才能感到来自心底的最真实、最痛快淋漓的快乐。所以，要想快乐，就必须懂得放下。

放下是一种感悟，更是一种心灵的自由。"放下就是快乐"是一种顿悟之后的豁然开朗；一种重负顿释后的轻松自如；一种云开雾散后的阳光灿烂。只要你心无挂碍，什么都看得开、放得下，只要你抛弃一些尘世的烦扰，留一份开阔的天空给心灵安个家，何愁没有快乐的春莺在啼鸣，何愁没有快乐的泉溪在歌唱，何愁没有快乐的白云在飘荡，何愁没有快乐的鲜花在绽放！

心灵悄悄话

放下，是一种生活的智慧。放下，是一门心灵的学问。放下压力，活得轻松；放下烦恼，活得幸福；放下抱怨，活得舒坦；放下犹豫，活得潇洒；放下狭隘，活得自在……学会放下就会收获快乐，让我们去拨开眼前的云雾，卸去心灵的枷锁，从平平凡凡的生活琐碎中，体会轻松如风、畅快淋漓的感动，体味一种云开雾散的豁然开朗。

第二篇　身无负累才快乐

放下包袱就会快乐

　　很多人觉得自己生活得太累，那是由于他们的肩上所承担的包袱太多，心中留有太多的绳结，这时不如放下包袱，剪断绳结，人才会感到无比地轻松快活。

　　如果总是对一些事情耿耿于怀，放不下，就会心灵闭塞，好像被绳索牢牢捆住，心之将死，没法使他们恢复生气。

　　放下就是快乐，可是又有多少人能真正做到呢？

　　从前有一位青年，他随身带着一个沉重的背包，千里迢迢来到寺庙里找大师。他告诉大师："我整天觉得十分孤独与寂寞，特别是这几天长途跋涉让我厌倦到了极点。为了来到寺里，我的鞋被磨破了，手也受伤了，嗓子也沙哑了，但是我还是觉得自己不是很快乐。"

　　大师问道："你的包里装的是什么呀？"

　　青年答道："这里面装的东西对于我来讲特别重要。它装着我每一次摔倒时的苦痛，受伤后的酸楚以及孤寂时的烦恼。正是依靠它们，我才来到了这里。"

　　接下来，大师和青年来到了河边，一起坐着船过河。他们上岸后，大师让青年扛着船赶路。青年听后大吃一惊："这么重的船，我哪里能搬得动呀！"

　　大师笑了笑，说道："孩子，它的确是很重，你也确实搬不动它。过河时，船是有用的。但过河后，我们就要放下船赶路，否则它会变成我们的包袱。痛苦、孤独、寂寞、灾难、眼泪，这些对人生都是有

34

用的。它能使生命得到升华，但须臾不忘，就成了人生的包袱。放下它吧！孩子，生命不能太负重。"

于是青年放下肩上的包袱，他一下子觉得自己轻松了很多，继续赶路。他也因此得到一个结论：负担越少，就越能发挥潜能。

从此，在人生的各个阶段他都会定期放下包袱，寻找减轻负担的方法。

现代的社会纷繁复杂，灯红酒绿，每个人都紧张地忙碌着。然而疲于应付琐碎的生活，每个人真正留有为自己心灵沐浴、为思想充电的时间却是寥寥无几。如果人们能放下肩上的包袱，让自己的思想保持一种空灵状态，定期让自己"清零"，将名利与荣誉放进回收站，就能为自己的空间留出一片静地。

有一个年轻人到禅院来找老禅师，说道："我心中有一个疑团，急需您帮助我来解答。请问究竟什么是团团转？"

老禅师随口答道："这很简单，皆因绳未断。"

年轻人对此难以理解，顿时目瞪口呆。

老禅师见后，问道："你怎么如此惊讶？"

"老师父，我奇怪的是你是如何知道的。"年轻人说，"我今天在来的路上，看到一头牛被绳子穿了鼻子，拴在树上，这头牛想离开这棵树，到草地上去吃草，谁知它转过来转过去都不得脱身。我以为师父既然没看见，肯定答不出来，哪知师父出口就答对了。"

老禅师微笑着说："你问的是事，我答的是理，你问的是牛被绳缚而不得解脱，我答的是心被俗务纠缠而不得超脱，一理通百事啊。"

一语点醒梦中人。年轻人点了点头，说道："原来如此！"

老禅师说："众生其实和那头牛一样，身上缠缚着许多烦恼痛苦的绳子，生生死死不得解脱。"

自乐

名利犹如无形的包袱，压在人们的肩上，成为人们的负担；欲望好像是数不清的绳索，剪不断，理还乱。人们只有放下心中的包袱，摆脱心中的绳结，才会轻松自在地生活，享受做人的快感，体会做人的乐趣。

心灵悄悄话

"放下就是快乐"是一颗开心果，是一枚解烦丹，是一道欢喜禅。只要你心无挂碍，什么都看得开、放得下，何愁没有快乐？

放下抱怨迎接幸福的到来

上帝是慷慨的，每天零点都会准时给我们开一张 24 小时的时间支票，你有权使用它，但无权占有它。你可以通过努力把这张支票变为成功与快乐，但如果只是一味地抱怨，这张支票就会变为失败与痛苦。抱怨可以使人身心放松，发泄不满，得到暂时的心理平衡。用抱怨解决问题没有任何意义和价值。并且，抱怨过后，你会变得更加痛苦，更加没有勇气。如果一个人用抱怨来发泄，并以此求得心理上的平衡，就如同寒冬里用热水来温暖自己一样，虽得到了短暂的温暖，但之后很快就会受到更严酷、更痛苦的折磨。

有一个人被歹徒抢劫，并且受了伤。他觉得自己太无辜了，上天对自己太不公平了。于是，每次亲友来探望他时，他都会把已经结痂的伤口揭开，向人们讲述他的悲惨遭遇，看望他的人都会痛心地抚摸他的伤口，说一些安慰的话。后来，这个人的伤口感染了，但他仍然没有改掉揭开伤口向人抱怨的毛病，结果病情越来越严重，终于，这个人在心理与身体的双重痛苦中离开人世。

生活只相信强者的微笑，不相信弱者的眼泪。抱怨只能显示出一个人的无能，所以，你要学会坚强、学会克制、学会调整心态，做不抱怨的成功者。

公元 1621 年，谈迁 28 岁，他的母亲病故，他守丧在家，读了不

少明代的史书。他发现史书中的错误非常多，因此想编写一部真实可信的明代史书。

自从谈迁有了这样的想法之后，他常年背着行囊，不断地寻找与明史相关的书籍。谈迁在 24 年间六易其稿，终于在 1645 年撰写成了 500 万字之巨的《国榷》。岂料两年后，也就是 1647 年，《国榷》的初稿全部被盗，这使谈迁遭受了巨大的打击，甚至一夜之间愁白了头。

谈迁痛哭了一夜，当太阳重新升起时，他理了理自己的思绪，化悲痛为力量，决定重写。又经过 4 年努力，终于完成了新稿。1653 年已经 60 岁的谈迁，携第二稿来到京城，在京城住了两年半，走访了许多明遗臣、故旧，搜集明朝相关的逸闻、遗文及有关史实，并实地考察历史遗迹，加以补充、修订，终于完成旷世巨著——《国榷》。

谈迁第一次完成《国榷》用了二十余年，其中艰辛可想而知。当书稿被盗后，他虽痛苦，但没有被击垮，没有陷入抱怨的深渊，而是继续奋斗，最终获得了成功。

抱怨是人类精神领域最具杀伤力的病毒，成功的人很少抱怨，抱怨的人很少成功。那些生活的强者、成功的人士，不管遇到了多大的挫折，也能及时调整心态，先适应现状，再改变现状。

一头老驴，掉到了一个废弃的陷阱里。陷阱很深，它根本爬不上来。主人看它是老驴，懒得去救它了，让它在那里自生自灭。那头老驴一开始也放弃了求生的希望，每天还不断地有人往陷阱里面倒垃圾。它很生气，天天抱怨，自己倒霉掉到了陷阱里，它的主人不要它，就算死也不让它死得舒服点，每天还有那么多垃圾扔在它旁边。可是有一天，它决定改变自己的态度，每天都把垃圾踩到自己的脚下，从垃圾中找到残羹来维持自己的生命，而不是被垃圾所淹没。终于有一天，它重新回到了地面上。

可见，无论现实多么不尽如人意，你都可以转变心态，静待转机。很多时候，决定一切的是态度，有了正确的态度，就可以将压力转化为动力，踏上成功的舞台。

在日常生活中，经常为一些小事弄得鸡犬不宁。如某某家的人患病了，会不会传染给自己家；再过五六天就没有肥皂了，是不是应该早点去买回来，不然，到要用的时候没有了怎么办；等等。

这种焦虑性格，使得我们在考虑问题的时候，往往朝坏的方向想，而很少朝着好的方向考虑。

为什么我们不牢骚少一点，微笑多一点；理由少一点，度量大一点；脾气少一点，理解多一点；干劲足一点，效率高一点……这样我们就能与抱怨绝缘，从而快乐幸福地生活。

心灵悄悄话

无数事实证明，抱怨根本无法解决问题，唯有行动才能改变现状。正所谓，抱怨环境，天昏地暗；改变自己，风和日丽。因此，我们还是少些抱怨，多些努力吧，天道酬勤，只要用心和努力，一切都会好起来的！只要放下心中的抱怨，你的心胸将变得宽阔、博大，生活将充满激情，你将拥有更加坚定的信心去追逐自己的理想。

放下恩怨才能幸福

罗兰是意大利著名的影星，她的父亲给了她生命，而拒绝与她的母亲结婚，也不承担任何责任，使罗兰成为一个遭到人人唾弃的私生女。罗兰在自述中写道：父亲仅仅是一个词，一个毫无意义的标签。

当罗兰成为著名电影演员之后，曾伤感地说："小时候，我父亲哪怕一双鞋子也从未给过我。"可在她父亲病危，她去探望时，"一听到我的声音，他睁开眼睛勉强地笑了一笑，说'我很高兴'。"从此，"我开始真诚地对待我父亲，我不再怀恨或咒骂他。我开始对他产生怜悯，我为他伤心，我对他剩下的只有爱。"

在现实生活中，我们的误解太多了，恩怨太多了，几乎统统打成死结，这是一个悲剧。罗兰感悟到：恨是一种强酸，它腐蚀的不是被恨者，而是恨人者。学会忘记、理解和宽容吧，那将使你减轻痛苦，并且变得快活起来。

1994年9月的一天，在意大利境内的一条高速公路上，一对美国夫妇带着年仅7岁的儿子尼古拉·格林正驾车向一个旅游胜地进发。突然，一辆菲亚特轿车超过他们，车窗内伸出几支枪管，一阵射击之后，他们的儿子中弹身亡。

这对夫妇本应该痛恨这个国家，因为在这块土地上他们失去了爱子。可是，悲伤过去后，他们做出一个令人震惊的决定：把儿子健康的器官捐献给意大利人！在意大利，即使是正常死亡的本国公民自愿

捐献器官的也很罕见。于是，一个 15 岁的少年接受了尼古拉·格林的心脏，一个 19 岁的少女得到了尼古拉·格林的肝脏，一个 20 岁的妇女换上了尼古拉·格林的胃，另外两个孩子分别得到了尼古拉·格林的两个肾。5 个意大利人在这份生命的馈赠中得救了。这件轰动一时的事足以令所有的意大利人汗颜！

1994 年的 10 月 4 日，意大利总统斯卡尔法罗将一枚金奖章授予这对美国夫妇，因为他们拥有容纳百川的胸怀以及忘记恩怨、悲世悯人的情操，还有以德报怨的人生境界。

仇恨带给人们的灾难太深重了，应该怎样把仇恨化作一种美好呢？这对美国夫妇为人们做了一个成功的榜样。他们的爱子在异国无辜暴死，可他们的理智却抑制了仇恨的烈焰，并依然做出了惊世骇俗的决定，使 5 个年轻人获得了重生，使冤死的儿子永远活在意大利人的心中。

宽恕别人，就是善待自己。仇恨只能永远让我们的心灵生存在黑暗之中；而宽恕，却能让我们的心灵获得自由，获得解脱。

其实，宽恕别人的过错，得益最大的是我们自己，它能让我们的身心变得健康，生活变得轻松愉快。

曾有这样一个案例，荷兰一所著名大学的研究人员组织了一批志愿者做了一项有关于"宽恕"的实验。

志愿者们被要求想象他们被人伤害了感情，并反复"回忆"被伤害时的情景。研究人员发现，此时的志愿者在身体上和精神上的压力同时加大，伴随着血压升高，他们的心跳加快、出汗、面部表情扭曲。之后，研究人员又要求他们停止想自己被别人伤害的事情，虽然没有刚才的生理反应大，但是某些生理症状依旧存在。最后，志愿者被要求想象已经原谅了自己的"假想敌"，这时，志愿者感到身心放松并且非常的愉快。

这样，研究人员得出结论：宽恕别人，不意味着为犯错的人找借

口，而是将目光集中在他们好的方面，从而把自己从痛苦中拯救出来。这正应了那句话：不要拿别人的错误来惩罚自己。

所以说，人生善待自己最好的方法就是宽恕别人，忘掉恩怨和仇恨，一个成熟的、快乐的人，是懂得宽恕别人过错的人。

心灵悄悄话

放下仇恨是一种潇洒的人生态度。法国 19 世纪的文学大师雨果曾说过这样一句话："世界上最宽阔的是海洋，比海洋宽阔的是天空，比天空更宽阔的是人的胸怀。"人难得在滚滚红尘中走一遭，何必念念不忘那些恼人的恩恩怨怨自寻烦恼呢？人人都有不足，事事都有缺憾，但是瑕不掩瑜，只要我们学会放下仇恨，不刻意追求完美，我们就能从中发现自己喜欢的东西，从而拥有丰富而美好的真实生活。

简单生活就会快乐

有位作家这样说："让你的生命之舟，只承载你所需要的东西，例如，你只要一个朴素的家和一种单纯的喜悦；一个或两个值得交的朋友；一些你爱的人或是爱你的人；一只狗、一支笛子；刚好足够的食物和衣服；还有稍微多一点的水分，因为口渴是件危险的事。"这些外在的东西满足生活需要就可以了，重要的是将心境拓宽，让心灵恬淡起来，让心智活跃起来，这样活着，你会光彩照人的。其实，生活，就这么简单，快乐也就这么简单。

究竟什么是简单生活呢？对此，台湾学者傅佩荣先生曾说："简朴生活"它有两个原则：一是"东西用到坏为止"；二是"不拥有不需要的东西"。"简单生活"的倡导者、被誉为"21世纪新生活的导师"的珍妮特·吕尔斯认为，简单生活并不意味着清苦与贫困，"它是人们深思熟虑后选择的生活，是一种表现真实自我的生活，是一种丰富、健康、平凡、和谐、悠闲的生活，是一种让自然沐浴身心、在静与动之间寻求平衡的生活，是一种无私、无畏、超凡脱俗的崇高生活"。

简单生活的最主要特征是"悠闲"，不要去背负那些不必要的包袱。在现实生活中我们被太多的物欲驱使着——豪华的房子、尽可能多的金钱、漂亮的女人、体面的男人、出人头地的子女……永无止境的追逐使我们精疲力竭，太多的追求使我们失去了心灵的自由。我们没有时间问自己这一切是为了什么，我们真的需要这些吗？

某种舒适的享受是必要的。我们需要有生存所不可缺少的衣、

食、住、行，我们需要有酬或无酬的工作。作为人，我们不能一无所有，我们需要一定程度的对美和美的事物的追求。但我们往往不知适可而止，我们显得饕餮不足，随之便陷入了债务、劳累和新出现的困境，使我们因此失去了生活的激情。

根据简单生活的原则，人们生活的最低标准是：满足生活的基本需求——住房、营养食品和衣服，做到自给自足并为之付出精力和时间，那么，在剩余时间里，所有该做的事就是使自己成为一个安享悠闲的人，而不是把时间耗费在无谓的应酬和劳作中。

简单生活不等于简陋，简单有简单的规则。

简单生活之一，就是对频繁交际说"不"。现代都市人很少有下班就准点回家的。这与现代社会密集高速的社会环境和压力有关。下班后的应酬聚会这些事情非常耗费时间和精力，用于交际往来的金钱数量也相当可观，这些工作给人留下的是平白的操劳和精力的透支。按自己喜欢的方式去生活。比如，下班后一个人回到家，洗一个舒服的热水澡，然后坐在沙发上，听着音乐，看看杂志。幸福的生活可以很简单，不需要华丽的物质，只需要有自己喜欢的人、有自己喜欢的东西即可，享受生活并不等于享受物质，重要的是要了解自己的需要。

简单生活之二，就是下班生活不插电。现代通信带来了便捷，也成了束缚人的锁链，很多白领不得不把自己的神经吊在可能突然炸响的紧张之中。当然也有人开始反抗了，不少人一到下班就关掉手机，绝对把自己隔绝在现代化之外。

简单生活之三，抛弃烦琐的讲究。其实简单衣食住行是减压的最好办法，简单的 T 恤牛仔、棉布衣裤舒适大方，动作自如；几样家常蔬菜、一碗蛋花汤，色香味俱佳而且营养丰富；新鲜的饭后水果、规律的生活作息以及充足的睡眠都是美容的根本，化妆品界回归的国货风潮很有道理，健康的生活加一些最质朴的护肤品，就是走向美丽最有效的捷径；散步与打球都是最朴素、最有益的运动，只要舍弃一些

无关的聚会，这样的安排再合理不过；婚礼节日，用一次浪漫的旅行取代满堂宾客的觥筹交错，激情和幸福会像泉水一样源源再生。

不过，令人遗憾的是，我们许多人没有自己的主见，天天在效仿别人，被左邻右舍牵着走，吃喝在效仿，住房在效仿，旅游在效仿，管孩子也在效仿，穿着打扮更是不断赶时髦，什么都在随俗随大流，个性不个性是无关紧要的。还有，有些人把简单生活与惯性生活等同起来，惯性滋生着惰性，人既没有压力，也没有理想，轻飘飘的，懒洋洋的，像没有上过发条的钟摆，无精打采。人在这种惯性的日常生活中，消失了激情，甚至连梦也不会做了。做事没劲，上班没劲，打麻将没劲，网上聊天没劲。人找不到生活的意义，没有了方向，精神上锈迹斑斑，脑子里空空荡荡。台湾心理学家余德慧说："俭不是物质的缺乏，而是精神的自在；朴不是生命的空虚，而是心灵的单纯。"

现代人最大的特点就是忙，而透过忙这个生活表层，却是精神倦怠，审美疲劳，心灵不快乐。究其原因，盲目攀比，错把赶时髦当成生活本身。别人有才华，自己也希望有；别人有地位、财富，自己也希望和他一样；别人有好的享受，自己更要向他看齐。结果，欲望脱离了生活实际，像雪球那样越滚越大，欲求越多，越不能实现，于是徒生烦恼，心灵一刻也不能宁静。心灵的宁静对于人来说，是极为重要的。因为人是整体的、内外相通的，若心浮气躁，便会视而不见，听而不闻，食而不知其味。人必须拥有宁静的心灵，心胸开阔，心无旁骛，内外通明，灵魂开窍。"水静则明，而况精神乎？"

人生于世，是不断寻找的过程，寻找与他人的关联，与世界的关联，与宇宙的关联，这种种关联都是基于人与自己关联的基础上。王希希有一篇文章叫《肉身》，文中说："人的身体易于满足于小小的快乐与收获。眼睛看到愉悦的颜色，鼻子呼吸到清新的空气，耳朵听到顺畅的声音，舌上尝到朴素的味道，皮肤接触着棉布的软糯或不着一物，它便富足了，再不求别的。它并且对灵魂挽留说：你安下心来吧，这样已经很好了，寻常衣食才是真如本质。"

自乐

人与自己的关系，就是肉体与灵魂的关系，人与自己的和谐，就是身心安顿。只有身心安顿了，才能寻找人与外物的真正关系，从而确立个性人生的支点。尼采说："一个人知道自己为了什么而活，他就能忍受任何一种生活。"人为什么而活呢？仅仅为了肉体，与动物有何区别？仅仅为了灵魂，与神仙有何区别？所以，人既不是兽，也不是神，人既要为肉体，也要为灵魂而活。精神有了托付，生活才有意义。

在五光十色的现代世界里，让我们记住一个古老的真理：活得简单才能活得自由。

心灵悄悄话

简单不是单调，也不是无为，更不是空虚。其实很多成功人士生活简单，他们摒弃复杂，还原生活本质，在最单纯的时间做最实在的事情。谁能说这种生活是无为呢？谁能说这些人生活得空虚呢？他们只是省却了复杂无谓的事情来做更喜欢更值得他们奋斗的事业。他们的这种生活为自己制造了一个轻松自由的空间，使心灵得到充实。

学会忘却，生活才有阳光

穿梭于茫茫人海中，面对一个小小的过失，常常一个淡淡的微笑，一句轻轻的歉语就能带来包涵和谅解，这是包容；在人的一生中，常常因一件小事、一句不注意的话，使人不被理解或不被信任，但不要苛求任何人，以律人之心律己，以恕己之心恕人，这也是包容。所谓"己所不欲，勿施于人"也寓理于此。

一个心中常想报复的人，其实自己活得也并不快乐。因为他的精力几乎全用在报复这件不愉快的事上了，而且就算成功他也会有种失落与悔恨交织的情感。《呼啸山庄》中的男主人公希斯克利夫先生由于小时候受到其他人的嘲弄，发誓报复。当他回归山庄时便展开了一系列报复行动，最后许多人因此而痛苦地死去，但他那苍老的心却突然感到一种可怕的孤独，这就是对报复者的报复。

既然我们都举目共望同样的星星，既然我们都是同一星球的旅伴，既然我们都生活在同一片蓝天下，那么就让我们忘记仇恨，好好享受生活吧！忘记仇恨就是快乐。人人都有痛苦，都有伤疤，经常去揭，会添新伤。学会忘却，生活才有阳光，才有欢乐。如果没有忘却，人就无法快乐，只会淹没在对过去的懊悔、痛苦和对未来的恐惧、忧虑与烦恼之中，人的大脑与神经会因不堪重负而错乱；如果没有忘却，那么人们可能会因为人与人之间的小摩擦而终生没有朋友、没有伴侣；如果没有忘却，那么我们除了在既没有多少记忆也不需要忘却的婴儿身上看到最天真的欢愉之外，不会再看到洋溢着幸福的脸。

自乐

忘记仇恨就是潇洒。宽厚待人，忘记仇恨，乃事业成功、家庭幸福美满之道。事事斤斤计较、患得患失，活得必然很累。人难得在滚滚红尘中走一遭，何必自寻那么多的烦恼呢？

如果我们希望人生旅程是快乐的，就尽快放下身上的包袱，丢弃那些多余的负担，丢掉那些旧的恐惧、旧的束缚、旧的创伤，放下任何"不值得"背负的东西。即使事情是最近才发生的，即使是刚刚才发生的，我们也应该学会放下。

心灵悄悄话

仇恨就像海水，你喝得越多，就越觉得口渴难耐。实际上，忘记仇恨是爱他人、爱世界的一种方式。人人都有不足，事事都有缺憾，但是瑕不掩瑜，只要我们忘记仇恨，不刻意追求完美，我们就能从中发现自己喜欢的东西，从而拥有丰富而美好的真实生活。

拿得起，更要放得下

人们常说，一个人做事要拿得起放得下。所谓"拿得起"，指的是人在踌躇满志时的心态，而"放得下"，则是指人在遭受挫折或者遇到困难或办事不顺畅以及无奈之时应采取的态度。可能对于"拿得起"都比较容易做到，而"放得下"却不是那么简单了。在生活中懂得如何取舍的人是有智慧的人，他的生活会简单而快乐！

一个人来到这世上，总会遇到这样或那样的顺逆之境、迁调之遇、进退两难等各种情形与变故的。放弃那些包袱，你可能就会心情放松；放弃那些烦恼，你可能就会变得精神；放弃那些执着，你可能就会变得能干；放弃那些无奈，你可能就会充满力量。你可以从自身的条件和周围的环境出发，做你自己力所能及的事情，倘若有不切实际的事情，那你就要勇于放弃。

现实生活中，几乎没有人喜欢失败，可惜这个世界没有永远的成功者，换句话说，也不应该有永远的失败者。人生是一场搏斗，谁也不是常胜将军，成功者与失败者的区别在于，前者有面对失败并超越它的勇气和能力，后者正好相反，在失败的沼泽中难以自拔！

一个人如果想有目的地、有效地生活，就必须培养自我控制能力，将压力变为活力，而不是一份沉重的负担。只有如此，他才能攥紧自己命运的缰绳。一个意志坚强的人，世界也得让他三分；相反，一个意志薄弱的人，世界就欺他三分。

春秋时期的范蠡辅佐勾践二十多年，最后打败吴国成就了霸业，勾践有"孤将与子分国而有之"的美意，范蠡不仅谢绝而且离开了勾

践，放弃了一人之下万人之上的地位，跑到乡下"躬耕于陇亩"，创下了万贯家财，自得其乐。西汉的张良亦是如此，帮刘邦打下天下后过起了隐居的生活，逍遥于山水之间。这种拿得起放得下的魄力让今天的我们铭记。

曾经看过这样一个故事：

在韩国，最大的不锈钢厂家——三美集团在亚洲经济危机下倒闭了。该集团六十多岁的副主席，由于企业破产，个人资产也所剩无几，无奈之下重新回到职业培训所，接受餐馆服务生的培训。然后，他选择了以前经常光顾的一家著名饭店去应聘。饭店老板念其从前经常照顾生意，答应让他在前厅当了一名端盘子的侍者。上班期间，他常遇到一些过去与他交往甚密，乃至莫逆之交的企业界、银行界熟人。这时候，别人难免有些尴尬，他却十分坦然。他说道："工作不只是谋生的手段，更是高贵心灵的营养。"

常言说得好，"天不会塌下来"，不管碰到多大困难，也必须挺得住，才能化解一切压力，最终轻装上阵。对于未来，每个人总觉得遥远、模糊，如果分几个阶段，就会感觉离自己很近。谁都一样，不管你的起点多么低，距离未来多么遥远，只要坚实地走、认真地走，哪怕走的只是一小步，都是向未来靠近。

人生在世，谁都会有不顺心的时候，做个有耐心的人不容易，做到平心静气更是一种境界、一种气度和一种修养。

事实上，你用正确的态度对待生活中的一切，一切也会给你同样回报。人生离不开利益，但也不能只盯着利益，利益不是万能的，莫让利益遮住眼，走出利益，天地就会变得越来越宽广。

有一个从名牌大学毕业的大学生，非常期盼进入一家大公司工作。于是，他给公司总经理寄去一封短笺。很快他就被录用了，原来

50

打动该公司老总的不是他的学历，而是他那特别的求职条件——请求随便给他安排一份工作，无论多苦多累，他只拿做同样工作的其他员工一半的薪水，但保证工作做得比别人还要优秀。

被公司录用后，他果然干得很出色，公司主动提出给他加薪，他却始终坚持最初的承诺：比做同样工作的员工少拿一半的薪水。

不久，因受所隶属的集团经营决策失误影响，公司要裁减部分员工，很多员工无奈地失业了，他不但没有下岗，反而被提升为部门的经理。这时，他仍主动提出少拿一半的薪水，但他工作依然兢兢业业，做着公司业绩最突出的部门经理。

以后，公司准备给他升职，并明确表示不让他再少拿一半薪水，还允诺给他相当诱人的奖金。面对如此优厚的待遇，他没有受宠若惊，反而出人意料地提出了辞呈，转而加盟了各方面条件均很一般的另一家公司。

很快，他就凭着自己非凡的经营才干，赢得了新加盟的公司上下一致信赖，被推选为公司总经理，当之无愧地拿到一份远远高于那家合资公司许诺的报酬。

一位记者追问他当年为何坚持少拿一半的薪水，他微笑道："其实我并没有少拿一分的薪水，我只不过是先付了一点儿学费而已，我今天的成功，很大程度上，取决于在那家公司里学到的经验……"

"天下没有免费的午餐"，一个人的起点比他人低，只有比别人付出更多，才有出人头地的希望，如果为了日后更大的收获，果断地舍弃眼前的一些小利，不失为明智的举措。

现代社会竞争越来越激烈，在这个环境里，一个人面对的变化速度和复杂性成几何级数增长，面对种种突如其来的挑战，我们唯有具有自我实现的强烈愿望，并通过在个人努力与环境、实力之间进行匹配，才能够赢得未来！

自乐

我有一个朋友，通过自己的努力拼搏与进取，被上级领导提为企业的一把手，进入领导岗位后，由于与一位老资格副职的经营观念及管理方法不同，相互都不太买账，这样给企业的工作开展带来很大的阻力。该同学多次向上级领导反映，请求上级出面解决，但始终没有得到解决。这位同学心里想与其在矛盾中相互不让，不如主动退出，于是一封辞职报告递上去，辞去一把手的职务，安安心心做原来的副职，以减少不必要的内耗，使单位免受更大的损失。我的这位同学放弃了一把手的职位后，经常与我们闲谈，他现在心里没有一点负担，一不担心与别人去争什么经营理念之得当，二不忧虑去与别人争什么管理方法之正确。他的这件事，让我总在想，我们该放弃的东西，不及时放弃，有时反而是一种负累，也许你及时放弃了，心里反而更显轻松了，心情也更舒畅了。

面对生活，许多人从不习惯放低姿态，面对眼前五光十色、流金淌银的社会，我们认为索取是最重要的，于是，我们越是不满足，越是得不到想要的林林总总。其实，海纳百川，成汪洋之势，是因为它身处的位置低。

拿得起固然可喜，放得下更令人钦敬。我们要学会理性地对待这种变化，心境才会豁然开朗。

心灵悄悄话

古今中外，能够成就事业的人都不计较一时之得失，他们知道如何放弃，何时放弃，放弃什么。昨天的辉煌不能代表今天，更不代表明天，过去的就只能让他过去，毫不痛惜地放弃，那你的明天或许得到更多你所更需要的。

第三篇 >>>

少点羡慕嫉妒恨

罗素在其《快乐哲学》一书中谈到嫉妒时说:"嫉妒尽管是一种罪恶,它的作用尽管可怕,但并非完全是一个恶魔。它的一部分是一种英雄式的痛苦的表现;人们在黑夜里盲目地摸索,也许走向一个更好的归宿,也许只是走向死亡与毁灭。要摆脱这种绝望,寻找康庄大道,文明人必须像他已经扩展了他的大脑一样,扩展他的心胸。他必须学会超越自我,在超越自我的过程中,学得像宇宙万物那样逍遥自在。"

人生并不需要嫉妒,不与他人做无谓的比较,珍惜自己所拥有的一切。

攀比会把你拖向烦恼的世界

现代生活中，很多人感觉到累，其实生活累，一小半缘于生存，一大半缘于攀比。在日常生活中，我们会往往不自觉地进行着各种比较。把自己的能力和他人对比：某人做生意赚了钱，某人仕途顺利，某人买了高级轿车，某人住进了豪华别墅……你觉得自己本来不比他们差，却不如他们风光体面！

凡事都怕比，"不比不知道，一比吓一跳"，一攀比，自己的劣势就出来了，就容易发火、激动，就会产生不平衡的心理。如果因为怒火而失去理智，不择手段，毫无廉耻，膨胀自私贪欲之心，让身心陷入一种失控的状态中，无法接受这种巨大的反差，以及对自尊心的过度打击，此时因攀比而产生的痛苦会更强烈，那么就必然会产生一些意想不到的可怕后果。由此，你的人生必将陷入难以回旋的败局之中。

在现实生活中，我们要把握自己的心态，做自己心态的主人。其实，人生中的一些东西是无法改变的，比如对于出身，我们能够做的只有接受。而是否能够取得成就，我们完全可以通过自己的艰苦创业、努力奋斗去实现人生的自我价值，从而达到一种新的平衡，这才是值得称赞和庆幸的。

某校的教师小齐，安分守己的平静生活突然被同学的生日宴会给搅乱了。那一天，下了课的小齐和他的妻子拎着生日蛋糕就往同学家赶。看着昔日的老同学下海经商数年，已是小有名气，资产百万，有

自己的别墅，开着宝马，一副成功者的气派，生日宴会上尽是社会上层的名人雅士。当然，那场生日宴会举办得很奢侈。

当小齐重返校园上课时就好像变了个人，整天心事重重，见人就诉苦。"这小子，有两下子，想当年上学那阵子，考试总不及格，作业老是抄别人的，自己压根就没做过，凭什么现在比我有钱？"他唠唠叨叨地说着，其他老师安慰他："我们的工资虽比上不足，但是比下有余，钱够花了就行。"小齐更加气急败坏地说："够花？我整个一年的工资加到一起也比不上人家一天挣的钱……"

爱比较是人之常情。但是不要忘了，天外有天，人外有人。经济学家认为，我们越来越富，但是体会不到幸福，根本原因是，我们一味地和比自己强的人去比较，就会觉得生活很不幸福，甚至觉得糟糕透顶。

确实如此，对于现代的许多人来说，如果只是单纯追求生活的幸福并不难，难的是他们往往追求的却是要比别人更幸福。

其实没有一个人的生活是完美无缺的，都会或多或少地存在着不足。有的人夫妻恩爱，月收入数万元，可惜身体不健康；有的人才貌双全，又非常能干，感情方面却非常坎坷；有的人家财万贯，却是子孙不孝。如果一个人总是拿自己的缺点和别人的优点相比，就会忽略自己的优点，只是看到自己不如别人的地方，当然会"人比人气死人"。如果一个人能客观地和别人相比较的话，结果肯定是一样的：比上不足，比下有余。

据研究表明，一个人的幸福指数与攀比别人是成反比的。我们周围的很多人都感到生活太累，其实并非穷得生活不下去，而是跟别人比起来觉得差距太大，心理失衡所致。如果我们能用一种积极的态度去和别人比较，不如别人时便积极进取，争取更上层楼；比别人强时便谦虚谨慎，乐观待人，岂不更好？

我们常常认为才干就是音乐、艺术或智力方面的天赋，但实际上我们人人都有奇妙的、自己仍在忽视的才干，诸如激情、耐力、幽默、善解人意、交际才能等，它们是有助于我们取得成功的强有力工具，一个人只要在自己从事的专业领域中有所成就，便不虚此生。

心灵悄悄话

无休止地与他人攀比是毫无意义的，实际上是在自寻烦恼，每一个人都是世界上独一无二的，有着他人所没有的能力与才干。别人有别人的才干，你有你的才干。

第三篇 少点羡慕嫉妒恨

事事攀比就会裹足不前

曾有一首打油诗这样写道："世人纷纷说不齐，他骑骏马我骑驴。回头看到推车汉，比上不足下有余。"原美国首富比尔·盖茨也说过："人生来是不平等的。"既然不平等，人与人的差距在攀比之间就显而易见了。看看别人，比比自己，往往就这样比出了怨恨，比出了愁闷，也比得让自己失去了本应有的一份好心情。

有的人家财万贯、锦衣玉食，有的人柜无盈币、仓无余粮；有的人权倾一时，呼风唤雨；有的人抬轿推车、谨言慎行；有的人豪宅、香车、美娇妻，有的人丑妻、薄地、破棉衣。一样的生命，不一样的生活，常让人们的心中生出许多感慨。

有句俗语说："人比人，气死人。"事实上，人比人并不要紧，人比人而生气的人，往往是因为自身的性格和心理上的缺陷，使自己有了自卑心态。其实，有时候退一步想，生活中有很多事情原本不需要太在意的，如果太在意的话，除了自我折磨以外，并不会产生任何积极的结果。

曾有大学生看到别人都买了手机，自己不买就会感到很丢脸，于是他就向父母要钱买了一部一千多元的手机，而此时他的父母却正拿着下岗工资，靠四处打些杂工以贴补家庭收入。

其实，购买手机、为交际上馆子等消费行为于学生来说并无大的帮助。随着大学生就业形势的日趋严峻，在学校里养成大手大脚消费习惯的学生，日后将难以适应残酷的现实社会。

如今，不管是在小学还是大学，都普遍存在着不同程度的攀比心

理。有的孩子比物质水平，如：看谁的衣服是名牌；看谁的铅笔盒高档；看谁带的钱多，花钱大方等。有的则比家庭条件，如：比谁家的房子大、装修档次高、父母当的官大、钱多、车子好、家中生活用品高档等。还有的比外表长相，比荣誉，比谁受老师的喜欢等。

有位小朋友总是哭闹着不去上学。母亲问他为什么，他说同桌的书包很漂亮，而自己却用哥哥的旧书包，所以不想上学。母亲为哄他上学只好答应买新书包给他。几天后，小朋友又不愿意上学了，原因是同桌又有一部高档的机器人玩具而自己却没有，疼爱孩子的母亲无奈之下，只好又一次顺从了。

儿童的这种攀比心理如果伴随着成长滋生下去，便会引发孩子的自卑感、虚荣心等多种不良心理出现，既给家庭造成一定的经济负担，又会影响学习。对于幼儿和中小学生的不良攀比行为，家长和老师要采取适当的教育方式对其进行纠正，从小注重培养孩子正确的价值观和人生观，帮助孩子减轻心理负担，促使其健康心理的形成。

理性地分析生活，人们就会发现，其实终其一生，生活对每一个人都是公平的、公正的，没有偏袒。人生是一个由起点到终点，短暂而漫长的过程，在这个过程中每个人所拥有和承受的喜怒哀乐、爱恨情仇都是一样的、相等的。这既是自然赋予生命的规律，也是生活赋予人生的规律，只不过每个人享用、消受的方式不同，这不同的方式，便演绎出不同的人生。

人不能总是这山望着那山高，否则就会像"吃草的驴"那则寓言所说的那样：

一头驴饿了，走到一个干草垛前打算吃一些干草。它低下头刚要开始用餐，却发现旁边的另一垛干草似乎比较大。等它走到那垛干草前，回过头来看一看，发现还是原来那垛干草比较大。这头驴就这样

在两垛干草之间走来走去，最后饿死了。其实呢？两垛干草原本是一样大的！

　　一个心理健全的人，偶尔感到不愉快、不舒畅，对一些过去的事惋惜和悲伤，这些都是正常的现象。但总的态度都应该是积极的，想得开，放得下，朝前看，从而才能从琐事的纠缠中超脱出来。如果对生活中发生的每件事都拿来和别人做个比较，既无必要，又败坏了生活的诗意。

心灵悄悄话

　　攀比，是一件不必太在乎的事情，人们更是没有必要在攀比面前自卑或是满足自己的虚荣，只要认清了这一点，就会惊讶地发现一个窍门：许多事只要知道就行了，不必把它常常挂在心上。与其事事攀比、裹足不前，还不如走自己的路，让别人攀比去吧！

活着不是为了跟别人比较

俗话说："世上没有相同的两片树叶。"世间万物都是各不相同的，生活的差别也是无处不在的，而攀比之心又是难以克服的。但是，我们活着是为了追寻快乐与幸福，绝不是为了与他人做比较。而且，攀比，也永远不会证明你的强大。真正的强者不会注意自己比别人强在哪里，而是关注自己还有哪些不足之处；不假思索的攀比是缺乏自信的表现，久而久之，势必消磨浩然正气，懈怠奋斗之志；盲目的攀比如同海上的暴风雨，不但会遮挡住那指引方向的北极星，还会使你的船偏离航线，迷失自我。

杰克喜欢创作，他的理想就是当个大作家，像他所崇拜的山姆一样。杰克没见过山姆，但是他常常在杂志上看见山姆的名字。杰克看过很多杂志，都能发现山姆的名字，他发现山姆非常高产；创作风格还变化多样；从作品涉及的内容看，山姆的见识极其广博。杰克立志要超过山姆，开始了他自己的文学创作，慢慢地，杰克也发表了一些作品。这让杰克更加信心十足。然而，写了几年后，杰克懊丧地发现，山姆酷似一台创作机器，任意翻开一册新的杂志，几乎都可以看见山姆的名字。另外，山姆的创作风格变化多样，犹如一个无所不知的"万事通"，可以吸引有着不同欣赏嗜好的读者，而自己仅有一种创作风格。自己要想赶上山姆，简直是白日做梦。

杰克开始怀疑自己的学识，怀疑自己是不是文学创作这块料，怀疑自己能否在这条路上有大发展。在种种怀疑中，他的信心尽失，慢

自乐

慢地，他灰心丧气地远离了创作，死心塌地地做了一名运输垃圾的司机。在奔向垃圾处理场的路上，杰克慢慢地老了。事实上，除了山姆的名字和作品，杰克对山姆本人一无所知。

这一天，老杰克到一家杂志社去运垃圾，那其实是一些滞销的旧杂志。杰克随手拾起一册翻了翻，又看见山姆的名字。于是，杰克向杂志社的工作人员随声问了一下有关山姆的情况，工作人员惊诧地说道："山姆这个人根本不存在。我们杂志社把作者姓名不详的文章，一概署名为山姆。其他的杂志社也有这个习惯。所以，山姆的名字常常出现在杂志上。"杰克闻之愕然。原来，让他信心失尽、理想破灭、一生暗淡的人，竟是一个根本不存在的山姆。

其实，每个人都在自己的生活中得到了相应的收获，而且每个人在生活中的需求也不尽相同。大家各有所成，各有各的苦恼，也各有各的精彩。有时候在你羡慕别人的时候，也许正有其他人在欣赏你的某些成就。每个人都应该找到适合自己发展的最佳轨迹。摆脱自己不实际的贪念和欲望，不让攀比的恶劣习气影响到快乐的生活，才是正确的生活态度。

凡事只跟自己赛跑，日子才能在一天比一天进步中快乐地度过，如果用别人的标准来衡量自己，你可能永远达不到他人的标准，因为你的标准会一个接一个地永不间断。

心灵悄悄话

攀比是鸦片，只要你被它俘虏，你就会永远处于无尽的煎熬之中；攀比是仙人掌，只要你触摸过它，它就会扎得你痛痒难耐。如果一味和人攀比，你会发现自己一无是处；如果不去与人攀比，每个人都会过得很快乐。

莫拿别人当镜子

"萝卜白菜，各有所爱。"每个人的喜好不同，生活方式与生活态度也不同。每个人都有自己的生活方式与态度，都有自己的评价标准，你可以参照别人的方式、方法、态度来确定自己采取的行动。但总拿别人作为参考，就会迷失自我，而导致傻瓜以为自己是天才，天才也许会把自己看成傻瓜。

爱因斯坦 16 岁那年，由于整日同一群调皮贪玩的孩子在一起，致使自己几门功课不及格。一个周末的早上，爱因斯坦拿着钓鱼竿准备和那群孩子一起去钓鱼，这时，父亲拦住了他，心平气和地对他说："爱因斯坦，你整日贪玩且功课不及格，我和你的母亲很为你的前途担忧。"

"有什么可担忧的，杰克和罗伯特他们也没及格，不照样去钓鱼吗？"

"孩子，话可不能这样说。"父亲充满关爱地望着爱因斯坦说，"在我们故乡流传着这样一个寓言，我希望你能认真地听一听。

"有两只猫在屋顶上玩耍。一不小心，一只猫抱着另一只猫掉到了烟囱里。当两只猫从烟囱里爬出来时，一只猫的脸上沾满了烟灰，而另一只猫的脸上却干干净净。干净的猫看见满脸烟灰的猫，以为自己的脸也又脏又丑，便快步跑到河边使劲地洗脸；而满脸烟灰的猫看见干净的猫，以为自己的脸也是干干净净的，就大摇大摆地走到街上，出尽洋相。

自乐

"爱因斯坦，谁也不能成为你的镜子，只有自己才是自己的镜子。拿别人做自己的镜子，天才也许会照成傻瓜。"

一句话点醒梦中人，爱因斯坦羞愧地低下了头。

从此，爱因斯坦以己为镜来审视自己，终于映照出生命的熠熠光辉。

人有时需要通过别人来认识自己、了解自己。正如古人所说，"以人为镜，可以知得失"。但别人这面镜子是需要选择的，如果它是平整的、明净的，则能发现自己的问题；如果是扭曲的、污浊的，那不仅看不出自己身上的不足，反而还会自我感觉良好。

命运是公平的，不管你是多么的伟大，还是多么的渺小，你只会做你自己想做的人，命运也只满足你做自己的愿望。因此，你在参考别人的时候，不妨也"参考"一下自己，经常地"自省"，才能时时保持自知之明，保持谦虚谨慎。

以别人为镜来认识自己，总会出现或多或少的偏差，所以，重要的是以己为镜，认真检查自己，对自己提出更高的要求。

那么，今天，你"照镜子"了吗？

心灵悄悄话

我们要反省自身，寻找自己的不足以促自己进步，发现自己的长处以愉悦内心。通过这种"慎独"的方式来实现人格的提升、知识修养的健全；这是成长的过程，是人格完善的过程，更是我们担负起各自使命和责任的必需之路。

甩掉嫉妒，寻找快乐

关于嫉妒的定义有很多，最具有包容性和准确性的是："嫉妒是与他人比较，发现自己在才能、名誉、地位或境遇等方面不如别人而产生的一种由羞愧、愤怒、怨恨等组成的复杂情绪状态。"由此可以看出，产生嫉妒心的客观条件是由于主体之间存在相对性的差别，也就是老百姓常说的"红眼病"，总是只看到了别人比自己优越的方面。

嫉妒是一种恶习，是与社会上人与人之间的和谐情感不相容的，是一种不道德的行为。不论嫉妒心产生于什么原因，都是心理扭曲的现象，都是健康人格的倾斜。

刘伯玉的妻子嫉妒心很强。刘伯玉曾经称赞曹植在《洛神赋》中所写洛神的美丽，妻子听到后，气愤地说："君何得以水神美而欲轻我？我死，何愁不为水神？"然后投水自杀。于是后人将她投水的地方称为"妒妇津"，相传女子在此过河时不能盛装华服，否则就会风浪大作。

要明确的是，嫉妒是有条件的、指向一定对象的，在一定的范围内才会产生。地位相似、年龄相仿、经历相近的人之间最容易发生嫉妒。而对于获得诺贝尔奖的科学家，一般人只会羡慕而不会嫉妒。

嫉妒心理一般说来分为三个层次。首先是程度较浅的嫉妒，这时的嫉妒心理往往深藏于人的内心，不容易被他人察觉。再发展就是程度较深的嫉妒，这时的嫉妒已由无意识进入到有意识，开始表现出具

65

体的行动，如讽刺、疏远嫉妒的对象等。严重的还有攻击、造谣中伤他人等，目的是打击别人，抬高自己。嫉妒发展到这个层次，就需要及时控制。最后是非常强烈的嫉妒，这时人的嫉妒心理已经是一种变态的心理，表现为猖狂进攻、杀人或自杀，导致的后果是非常严重的。

美国艾实瓦大学曾经发生过一起枪杀案件，凶手是留学生。他自小成绩优异，直至大学毕业总是班里的第一名。读研究生时仍然是出色的，后来到艾实瓦大学攻读博士。他出色的才能和孜孜以求的精神令导师对他刮目相看，并委以重任，他的前景似乎一片光明。

一年之后，又一位留学生来到了艾实瓦大学，和他师从同一位导师。这位新来的学生同样的出色，甚至稍好于他。于是这位导师对新来的学生更加器重，把曾委任于他的重任给了新来的学生。而且他的地位远不如之前了，提前毕业的光荣也即将被同门师弟抢走，眼看着光明的前景逐渐暗淡。他受不了这小小的失败，于是憎恨师弟，憎恨导师，也憎恨学校。在充分准备下，当校长、导师和他的师弟在一起开会的时候，他闯了进去，掏出早已准备好的手枪将其师弟打死，又打死了导师、校长和其他两人，重伤一人，然后开枪自杀。

人生本就是一个大舞台，每个人都有自己适合的角色，人人是"自得其所"，各有归宿；要有勇气承认对方有比自己更高明更优越的地方，从而重新认识、发现和创造自己。这样就能从病态的自尊心和自卑感中解放出来，从嫉妒的泥潭中自拔出来。

嫉妒对当事人双方都有害无益，既折磨自己，又折磨他人。严重者会对自己或他人都构成伤害，令人悔恨终生。

嫉妒是人生中一种消极的负面情绪，更是损坏人们身心健康的一大罪魁祸首。培根说："嫉妒这恶魔总是在暗暗地、悄悄地毁掉人间的好东西。"

嫉妒还是人际交往中的心理障碍，它不仅容易使人们产生偏见，还能影响人际关系。荀子说："士有妒友，则贤交不亲；君有妒臣，则贤人不至。"

所以，要正确看待嫉妒心理，积极地对它进行矫正。

要想克服嫉妒心理，归根结底还是要有意识地提高自己的思想修养水平。

当嫉妒心理萌发时，或是有一定表现时，要能够积极主动地调整自己的意识和行动，从而控制自己的动机和感情。这就需要冷静地分析自己的想法和行为，同时客观地评价一下自己，从而找出一定的差距和问题。当认清了自己后，再重新去看待别人，自然也就能够有所觉悟了。

心灵悄悄话

要想克服自己的嫉妒，就要善于从生活中寻找快乐，就像嫉妒者随时随处为自己寻找痛苦一样。快乐是一种情绪心理，嫉妒也是一种情绪心理。哪种情绪心理占据主导地位，主要靠个人来调整。如果一个人总是想：比起别人可能得到的欢乐来，我的那一点快乐算得了什么呢？那么他就会永远陷于嫉妒的痛苦之中。

第三篇　少点羡慕嫉妒恨

不嫉妒才能成大器

嫉妒是人的天性，谁都会有，每个人都曾经嫉妒过别人，也被别人嫉妒过。嫉妒是人的一种本能。为保护自己应有的权益，每个人都会去竭力追求平等，而拼命去维护扩充自己的势力范围。当发现别人超过自己时，就会自然而然地产生嫉妒心理。

嫉妒也并非一无是处，适当的嫉妒还是行动的动力，从某种意义上说，嫉妒心越强，行动的决心越大，就越可能取得成功。然而，凡事皆有度。过度的嫉妒会使你产生一种心理上的刺激，痛苦、愤怒的情绪随之而来，甚至采取非理智的破坏性行动，不仅对己不利，而且伤害他人。在为人处世中，我们要克制自己的嫉妒之心，以免伤了他人也伤了自己，更会影响自己的心情。无数事实证明，那些聪明的成功之士都很善于控制自己的嫉妒情绪，从而成就了自己的人际与事业。

某公司职员小李曾叙述过这样的一个故事：

加入这家公司的第一天，就有同事告诉我，我所在部门的部长已年满60岁，虽然一个部长做了20年，他自己没有做出什么惊天动地的事，但是从他手上出来的人，不少成了大器，其中不乏身家数千万的私企老板、上百亿资产大企业的董事长等。于是，我对这个貌不惊人的老部长别有一分敬意，工作上也十分认真仔细。

一次，在部门所有同事夜以继日地加班加点中，一份看似不可能完成的工作及时完成，不仅维护住了公司的声誉，还为公司赢来了一

份效益可观的合同。公司决定对两名表现特别出色的员工给予物质奖励。奖励虽然不多，但因为只奖励了两个人，这引发了其他部分员工的不平与抱怨。我也是深感不公平的一个，因为那段日子，几乎人人都废寝忘食，以公司为家般地工作着，却只奖励两个人，给人的感觉是在否定其他人。当然，也有例外，比如和我关系十分要好的梅子就表现得异常平静。我不由得有些诧异，按道理说，梅子应该是付出最多的。我找到梅子，向她叙说着自己的抱怨，并询问她为什么看上去毫无怨愤。梅子笑着对我说道："我认为我只是做了我该做的事情，本来就不应该得到什么奖励的。"梅子的话让我更加惊讶，我暗想，梅子的姿态一定是伪装出来的，她内心里也一定觉得不公。但接下来诸如此类的几次奖励中，虽然依然都没有梅子，但梅子每次都是满脸笑容地祝贺获得奖励的同事，而且在此后的工作中，她也总是一如既往地努力着，丝毫见不到她的情绪。这让我不得不确信梅子是一个没有嫉妒心的人。

我进入公司大约半年后，老部长要退休了，就在大家猜测着新部长会是谁时，在老部长的推荐下，只有26岁的梅子成了新部长。所有人都很诧异，包括梅子本人。老部长解释道："梅子年纪不大，但不嫉妒别人，世上不嫉妒别人的人不多，这样的人更能够公正公平地处事。"

不嫉妒他人，这该是怎样宽阔的胸襟，怎样磊落的情怀。而越宽阔的胸襟才能够越多地吸纳向往的脚步，越磊落的情怀才能够越多地吸引追求的目光。从梅子担任部长那天起，我懂得了一个道理：如果我们真的别无优势，那就努力让自己不嫉妒别人，这样，一样可以收获海阔天空的美丽。

那么在生活中，我们要怎样防治嫉妒的心理呢！以下是心理专家的建议：

（1）要有广阔的胸怀，能容忍别人。各人有各人的长处，不能因

为自己有所短而乞求别人不超过自己，你的成绩不应该成为别人进步的障碍。对同学任何方面的成绩或进步要抱欢迎的态度。这种良好的精神状态，于人于己都有利。

（2）对别人的成绩和进步有一个正确的评价和态度。如果对别人取得的成绩有了正确的认识，看到其中蕴含着辛勤，你就会觉得来之不易，自己完全可以从中得到鼓舞和教育。对于别人的成绩，一种态度是消极嫉妒、贬低、打击，从而抬高自己；一种是无视事实，抱无所谓的态度，故步自封；一种是奋起直追，"你行我更行"，努力学习、工作。显然第三种态度才是正确的、有益的。这种自强不息的做法，不仅能熄灭妒忌之火，而且会燃起奋进之火，通过努力缩小距离，从而达到新的平衡。

（3）不要用放大镜看自己。如果只看自己的优点，而且看得过重，就接受不了别人挑战的事实，更不能容忍别人超前的现实。在任何时候，把自己看得轻些，心境也许会好些。把自己当成金子，常有被埋没的痛苦，而把自己当成铺路石，就有铺在路面上的欢乐。

（4）充实自己的生活。英国哲学家培根说过："嫉妒是一种四处游离的性欲，能享有它的只能是闲人。如果我们工作、学习的节奏很紧张，生活过得很有意义，就不会花很大工夫泡在嫉妒里。嫉妒别人，不会增加自己生活快乐的细胞。"

（5）必须具有忍让精神。要具有忍让的精神，我们就要做到以下两方面：

一是看到别人比自己强时，要能忍住自己的嫉妒心。多看人家的长处，多找自己的短处，这样不仅能寻求心理上的平衡，久而久之还会纯净自己的心灵，提高自己的道德修养。

二是自己比别人强时，要能忍受住别人的嫉妒，我国著名的爱国民主人士黄炎培先生，字任之，当人们问他为何叫任之时，他说："其中一个含义就是对无所谓的事、无聊的流言，不管它，由它去。"黄先生的做法很高明，你嫉妒你的，我做我的，让别人说去吧！走自己的路。如果你危害到我的人身安全和名誉，我则要诉诸法律，到头来受害的还是你。

（6）变嫉妒为动力。要做到这一点，首先要承认自己心存"嫉妒"。人生在世每个人都会嫉妒，我们应善于把自己和周围的人做纵横比较，只有这样，我们才会知道天是多么高，地是多么大。一个人知道了自己的渺小，并不是让你总是甘于自己的弱小，也不是让你自暴自弃，而是奋发向上。当一个人能够承认自己心存嫉妒的时候，他的心境就会趋向平和，就有容人之度量。

（7）增加交往，增进了解。嫉妒常常产生于相互缺乏帮助，彼此又缺少感情的人中间。大凡嫉妒心强的人，社交范围很小，视野也不开阔，只做"井底之蛙"，不知天外有天，只有投入人际关系的海洋里，才能消除自私、狭隘的嫉妒心理。因此，相互主动接近，多加帮助和协作，增进双方的感情，就会逐渐消除嫉妒。

心灵悄悄话

嫉妒别人，仇视异己，就等于把生命交给别人。这个充满竞争、机会和变化的年代，在我们身边，每天都有人发财、升官。你需要这样的一双眼睛，既能正确估价自己，又能客观地评价别人，既能看到别人的长处，也能看到自己的优点。

第三篇 少点羡慕嫉妒恨

放弃嫉妒，悦纳他人

素不相识的人同在一家公司工作，这本来是一件幸事。不过，总有个别人看着同事做得优秀了，背后说人家风凉话。这就是一种嫉妒心理。你嫉妒别人吗？你被别人嫉妒吗？遇到这样的事，你会怎么处理？

事事嫉妒的人往往心胸狭窄，容不下他人比自己强上一分：这种人是非常不讨人喜欢的，在职场中也不会取得什么太好的成绩。职场中，有不少的人看见人家升了个小科长，连说恭喜的语调都不对劲儿："你行，干得挺好，这回又能给你涨工资了。"背后还得说："什么呀，我觉得他不够格，也不知道怎么选的人。升谁不好，怎么就升了他？"

老王是位老员工，业务过硬，为人也忠诚可靠，但由于不会"来事"，多年来一直未能得到重用，看着一些比自己资历浅，能力也未必在自己之上的人，凭着擅长领会领导意图、溜须拍马，在职场青云直上，老王的心里颇为愤懑，时常对同事发一些牢骚；而小丽刚刚毕业，看着同办公室的小梅时常把主任哄得眉开眼笑，醋意大增，时常背后说些风凉话："有什么了不起，看她都快成主任的'小蜜'了。"

很多人都曾有过和老王、小丽类似的经历。多数人遇上这样的事情，虽然心里不满，但能顺其自然，不过分计较，也有的人则会对此耿耿于怀，或者直接找领导去辩理，或者和他看不惯的人吵架，或者

悄悄地用心计，和自己的"假想敌"争宠，钩心斗角，也有的人则把对"假想敌"和领导的不满长期压抑在心里，一个人生闷气，甚至有人因此闷出病来。这些情况都可以称为"职场嫉妒症"。

嫉妒是一种消极的、复杂的情绪，它包含愤怒、丧气、羞愧、怨恨等多种内容。嫉妒情绪的产生，多是在与其他人进行了比较后，发现自己在某些方面或各个方面不如别人，或者是在自己希望得到的荣誉、奖赏等被别人得到了的时候。爱嫉妒的人往往也喜欢与人攀比，越攀比越嫉妒，越嫉妒反而越喜欢攀比。嫉妒容易使人产生消极行为，由嫉妒致使自己去进行带有破坏性质的行动，以此来发泄自己的嫉妒心理。

"职场嫉妒症"的危害很多，虽然嫉妒可能有一定的现实基础，但这毕竟是一种心理层面的敌意与竞争，甚至是心理上的病态。它既容易造成同事间不必要的冲突，也可能得罪领导，形成人际关系的恶性循环，对自身的身心健康极为不利。

从心理学的角度讲，"职场嫉妒症"往往隐含着很多深层的心理原因。具有"职场嫉妒症"的人，常见有以下几种心理症结：

个性过于追求完美的人，过于要强，总想把身边的一切都控制在手心，当发现不随他意的事情时，看到领导和同事并非他所能控制，便会产生焦虑和心理失衡感。

具有"自恋"人格的人，往往是童年被忽视，成年后总是渴望别人能关注、理解和赞美他，别人能为他服务，可是工作环境里怎么可能一切如愿呢？于是领导对同事正常的关心，都可能带给他"自恋性损伤"，激起嫉妒和愤怒。

还有的人性格具有偏执的特征，总是假设别人是恶意的，总感觉到自己被攻击。这样戴着"有色眼镜"看世界，也容易对别人横挑鼻子竖挑眼，觉得同事取悦领导也是在和他作对，为此而忧心忡忡和心怀嫉恨。

职场中，当你该替别人感到高兴但却高兴不起来的时候，你就要

反省一下自己是不是在嫉妒了。其实，对别人产生了嫉妒并不可怕，关键看你能不能正视嫉妒。如果能把嫉妒转化为成功的动力，化消极为积极，往往会使你赶上甚至超过别人，而这一切都取决于你自己。

为了让自己远离嫉妒，我们要用豁达的心胸看世界，努力做好自己的本职工作，真心地为别人的进步感到高兴，这样就会减少很多不必要的烦恼。

有时候，为了缓解自己的失败带来的心理上的不平衡感，可以找一些理由，使自己不再嫉妒别人。可以试着用阿Q心态安慰自己，以此排解心中不满，避免产生嫉妒。当然这种方法只是权宜之计，不能过分使用，否则可能又会产生其他消极的心理障碍。

一个人在嫉妒别人时，总是注意到别人的优点，却不能注意自己比别人强的地方。其实任何人都有不如别人的地方，当别人在某些方面超过我们时，我们可以有意识地想一想自己比对方强的地方，这样就会使自己失衡的心理天平重新恢复到平衡的状态。

心灵悄悄话

嫉妒很难让人进步，但是生活中，嫉妒情感是不可避免的，所以我们要正确认识自己的嫉妒情感，自觉避免消极行为。看到别人的成功，不是试图以打击别人来抬高自己，而是把别人的"好"视为对自己的鞭策和挑战，从自我发展中提升自我价值感，那么你不但能赢得别人的好感和尊重，更会得到能力的提升。

正视自身，不去攀比

好虚荣、要面子是攀比心理的伴生物，总是怀着一种不比别人差或超过别人的心理，来显示自己的价值。其实，这种不实际的心理焦虑，等于为自己设置障碍。人各有所长，也各有所短。以己之短，追慕他人所长，常常力所不及。如果能够摒弃这种以虚假的幻象来掩盖自己的攀比心理，就会正确地认识自我，发现自己的长处，感觉到别人也有不如自己的地方，不再为自己不如别人而苦恼。只有具备这种心态，才能自得其乐，摆脱心理焦虑的苦恼。

一天，小 A 去小 B 的家里。刚推开门，就闻到一股强烈的油漆味。只见小 B 正在搞木墙裙，他说他还要安最好的吊灯，买几万元一套的家具。小 A 说，那你装修要花多少钱。他说，大概要花 20 万。小 A 知道，他的房子不过才 20 多万元，而他装修就要花这么多钱，他每月的工资不过一两千元，实在是不太值。

小 A 就问他为什么要这样装修，他说，他明年要结婚，他的未婚妻要求房子的装修一定要在她朋友中间的装修是最好的，否则就要推迟婚期。小 B 对小 A 苦笑着说，没办法，他现在是打肿脸充胖子，装修花的钱都是借的，无论如何他也要在明年结婚。他说，他的女朋友交际很广，有钱的朋友也多。她又太爱面子了，不希望在朋友面前丢面子，因为现在人们认为只有家里装修得好才是有经济实力的象征，所以她就要求小 B 一定要把家里的装修弄得最好，这样在朋友面前才有面子。

自乐

小 B 的话使小 A 明白了，原来有些人装修都是为了给别人看的。而实际上，这样的装修在实际的家庭生活中意义并不大。人们就是通过装修来显示自己有"实力"。

在现代社会，"死要面子"的例子比比皆是。例如，一个人遇到一个朋友来借钱，自己没有财力，为了不让朋友瞧不起，从邻居那里借来钱给了那位朋友。这个人觉得拒绝别人的要求，就是无能的表现，为了维护自己的尊严宁可让自己受罪或损失，只有这样才让人觉得很了不起，虚荣心也得到了很大的满足。又如，一些普遍现象，刚刚发财的个体户，首先考虑的不是扩大再生产而是购买一辆奔驰或宝马之类的好车，威风八面，担心谈判时别人瞧不起。还比如，我们宴请宾客的饭桌上，为了显示对客人的尊重，丰盛之至，剩下的越多就越有面子，吃得一干二净就是没有面子，铺张浪费之极。

这种好虚荣、顾面子的行为，就其心理机制来说，是一种预期性的心理焦虑使然。人是有期望的动物，当自己的现状与预期的目标相差甚远，或与他人相比感到难堪、逊色时，为了取得高于他人或不低于他人的荣誉，就以预期性的目标来掩饰自己，结果适得其反。这种好虚荣、要面子的心理焦虑具有一定的普遍性，要调整这种心理状态，应该客观地认识自己，不要对自己提出超出自己实际的期望值。

好虚荣、要面子是一种文化的劣根性的表现，更是一种不自信和不良情商的反映。过高地估价自己而错误地决策自己的行为，实际上是一种不自信的行为，是愚蠢的所为，是一种鲁莽的行为，是一种不良的情绪使然。

"要面子"，从一个角度看也是人类的优点，懂得廉耻、不甘落后、要强上进固然重要，但如果"死要面子"就必然导致"活受罪"。

俗语说："人比人气死人。"你越比就越不满意，越比越觉得不如人。人们从比较中获得心理上的公平感或不公平感，满足感或不满足感，这是很正常的。但如果光向上比，而不向下比，那么就是越比越不满意、不知足，永远看不到还有比你处境更差的。吃着碗里、看着锅里的人会陷入攀比的不良心理的恶性循环，结果，糟蹋了自己的生活。

因此，在日常生活中我们要正视自身，不要盲目地去与他人比来比去，那样做除了给自己增添烦恼，让自己不开心外，实在是于事无补、毫无益处。其实生活中学会用中庸之道对世间万物进行客观对待，把握分寸和程度是非常有效的办法。

心灵悄悄话

在生活中，比较是有必要的，有比较才能分出好坏优劣。在处世为人中，比要全面地比，既与比自己强的人比，找出自己的不足，从而催人奋进，又要与不如自己的人比，从而安慰自己的心灵。

第三篇 少点羡慕嫉妒恨

第四篇 >>>

再苦也要笑一笑

如果没有雨，大地会化作一片荒漠；如果没有悲伤，人类的心会变得寂寞、无情和傲慢。山因风雨而苍郁，水因霜雪而清澈，人生因遗憾而多姿多彩。让生活变得美好，让快乐永驻脸上；让生活变成欢笑，把欢笑藏在心间。

最宝贵的财富往往在苦难过后才能得到，正如孟子所言："天将降大任于斯人也，必先苦其心志，劳其筋骨，饿其体肤。"永远生活在安逸环境里的人，从未经历过苦难，很难铸就坚强的意志，也很难在竞争的社会现实中脱颖而出。

一起吃苦的幸福

快乐和幸福一样，只是个人感受和心境的体验。我们很难左右一个人过得是否幸福快乐，快乐、贫富和地位没有必然的联系，而与一个人的人生观和世界观有联系：一个一贫如洗的人如果心怀坦荡，他就可以成为一个快乐的人；一个腰缠万贯的人如果狭隘自私，他就不会获得人生真正意义的快乐。通常地，穷日子有一种让人奋发向上的动力。

生活中的人们大都认为，穷日子不好过，少吃缺穿，谁也不愿意去过那个穷日子。然而，如今面对越来越多的财富，人们脸上的笑容却没有增加多少，反而很多人患有忧虑，心情越来越郁闷、越来越差。

由此可见，人们的快乐并不全是财富带来的。其实，穷日子并不是那么难过，我们只要把心态放正，也能把穷日子过得好起来。以前，很多人家都是过着缺衣少穿的穷日子，但有的人家却能够积极快乐地拥抱生活，不抱怨，不失意，他们成功地走过了一道道坎，久而久之，他们积累了丰富的经验和财富。像他们这种殷实的生活是用自己的汗水挣来的。

我们在生活，即使没有多少财富，也要学着乐观一些，这是一种生活的智慧，勤勤恳恳，用信念作舟，终有一天会到达自己的理想目的地。我们的物质生活虽然不那么富有，但在脑中却有着一个精神的大花园，为了它，耕耘不辍，最终会换来硕果累累的收获。就像很多人所表白的：我们人是穷，可我们志不穷，为了我们的奋斗目标过得

快快乐乐，充实而又有意义，也会吃得好、睡得香，总有一天，我们也会来个一飞冲天的。

穷人的日子，虽然房子不大，但也能住下，收入不高，刚好维持够花，虽然不能每天喝琼浆玉液，没有私家车……但也可以给自己做一份可口的饭菜。我们以自己的好心情舒坦地度过了一天又一天。

所以，幸福和快乐不会专门眷顾富人，它没有一个固定的模式，即使是贫穷的人们照样可以享受舒坦的日子。对于一个女孩来说，嫁给穷人，只要认真快乐地把握生活，日子同样会过得舒坦，穷日子并不是说一辈子都穷。俗话说："三十年河西，三十年河东。"穷人对于财富的渴求和对生活的热爱正是生活所需要的色彩，因为社会有了你的存在和渲染会更加真实而有意义，很多的富人不都是这样从穷日子中走过来了吗。

特别是那些白手起家的夫妇，他们风雨同舟，度过了很多苦中有乐的日子，换来了自己的财富。财富是夫妻二人共同创造的，共同流出的汗水、共同走出来的路途才是弥久甘甜的。这样的生活与婚姻必能经受住大风大浪的冲击。嫁给穷人，一切从零起步，这样的日子同样可以得到快乐。

心灵悄悄话

穷日子不一定都是苦日子，富日子也不全是好日子。好日子实际就掌握在你们双方的手中，只要脚踏实地，家庭和睦，正所谓"夫衣褴褛，妻衣习俗。人生浮沉，甘苦与共"。这不也是家庭幸福的一种境界吗？

学会黄连树下弹琵琶

岁月如流，人生苦短。现实生活中我们会遇到许多不如意，我们要学会在黄连树下弹琵琶——苦中作乐！

我们先来看一看卡夫卡写的一则寓言故事：

有一只兀鹰，猛烈地啄着村夫的双脚，将他的靴子和袜子撕成碎片后，便狠狠地啃起村夫的双脚来了。正好这时有一位绅士经过，看见村夫如此鲜血淋漓地忍受痛苦，不禁驻足问他，为什么要受兀鹰啄食呢？村夫答道："我没有办法啊。这只兀鹰刚开始袭击我的时候，我曾经试图赶走它，但是它太顽强了，几乎抓伤我的脸颊，因此我宁愿牺牲双脚。呵，我的脚差不多被撕成碎屑了，真可怕！"

绅士说："你只要一枪就可以结束它的性命呀。"村夫听了，尖声叫嚷着："真的吗？那么你助我一臂之力好吗？"绅士回答："我很乐意，可是我得去拿枪，你还能支撑一会儿吗？"在剧痛中呻吟的村夫，强忍着撕扯的痛苦说："无论如何，我会忍下去的。"于是绅士飞快地跑去拿枪。但就在绅士转身的瞬间，兀鹰蓦然挺身冲起，在空中把身子向后拉得远远的，以便获得更大的冲力，如同一根标枪般，把它的利喙刺向村夫的喉头，深深插入。村夫终于等不及来救他就扑倒在地一命呜呼了。让人稍感安慰的是，兀鹰也因太过费力，淹溺在村夫的血泊里。

卡夫卡的寓言，大部分并不好懂，这是一个需稍加诠释的小故

事。你会问：村夫为什么不自己去拿枪结束掉兀鹰的性命，宁愿像傻瓜一样忍受兀鹰的袭击？兀鹰只是一个比喻，它可以象征萦绕人生的内在与外在的痛苦。其实，任何一个凡人，都会不知不觉地像村夫一样，沉溺于自己臆造的幻想中，痛苦得不能自拔，甚至，"爱"上自己的痛苦，不愿亲手毁掉它，尽管是举手之劳而已。卡夫卡另有一段格言，正是深明人身种种苦痛的洞彻哲理："人们惧怕自由和责任，所以人们宁愿藏身在自铸牢笼中。"所以，村夫与他臆想的痛苦（兀鹰）同归于尽。然而这个寓言也悄悄地告诉我们：不要等待别人解决你的痛苦，只要愿意，你可以超越它，枪毙你的痛苦。

面对当今越来越复杂、越来越纷乱的社会，在背负巨大心理压力的同时，我们经常还会碰到各种各样的困难和挫折，如失业下岗、家庭变故、婚姻失败、学业不顺、经济纠纷等诸多问题。当这一切突如其来而无法解决时，一切都取决于我们内心是否强大。

总结一下这个现象以及我们个人的经历，我们就会知道：保持良好的心态，学会苦中作乐尤为重要。其实让我们仔细了解那些"过得比别人好"的朋友，通过与他们的交流发现，这些成功的人士也有许许多多的问题、困难甚至烦恼，但他们能自我调节，能苦中作乐，所以他们就保持了良好的精神状态，这种状态又会影响到他周围的人，以致使他们所交往的圈子或客户群都是积极向上的，成功也就是迟早的事情了。

心灵悄悄话

个性积极乐观的人在遇到困境时，能够泰然处之，认定活着就是一种幸福，无论是顺境还是逆境，都一样从容安静，积极寻找生活的快乐，绝不浪费生命的一分一秒，于黑暗之中向往光明，在精神上永远不倒。

忘记痛苦，微笑面对人生

在人生的道路上，挫折、困难甚至绝境是避免不了的，最重要的是要坦然面对，自信自强，让灵魂始终微笑，高举那面叫作乐观的胜利之旗。因为穿透灵魂的微笑，常常在生命边缘蕴含着震撼世界的力量，让人生所有的苦难如轻烟一般随风飘散。

没有什么东西能比一个阳光灿烂的微笑更能打动人的了。微笑具有神奇的魔力，她能够化解人与人之间的坚冰；微笑也是你身心健康和家庭幸福的标志。无论你在什么地方，无论你在做什么，在人与人之间，简单的一个微笑是一种最为普及的语言，她能够消除人与人之间的隔阂。

面对着亲人，你的一个微笑，能够使他们体会到，在这个世界上，还有另外一个人和他们心意相连；面对着朋友，你的微笑，能够使他们体会世界上除了亲情，还有同样温暖的友情。你的微笑让朋友感受到，他是重要的、必不可少的。微笑面对人生，你的生活将充满快乐和成功。

有一所位于偏远地区的小学校由于设备不足，每到冬季便要利用老式的烧煤锅炉来取暖。有个小男孩每天提早来到学校，将锅炉打开，好让老师和同学们一进教室就能享受到暖气。

但有一天老师和同学们到达学校时，发现有火苗从教室里冒出来。他们急忙将这个小男孩救出去，但他的下半身已被严重灼伤，整个人完全失去了意识，只剩下一口气了。

送到医院急救后，小男孩稍微恢复了知觉。他躺在病床上迷迷糊糊地听到医生对妈妈说："这孩子的下半身被火烧得太厉害了，能活下去的希望实在很渺茫。"

但这勇敢的小男孩不愿就这样被死神带走，他下定决心要活下去。果然，出乎医生的意料，他熬过了最关键的一刻。但等到危险期过后，他又听到医生在跟妈妈窃窃私语："其实保住性命对这孩子而言不一定是好事。他的下半身遭到严重伤害，就算活下去，下半辈子也注定是个残废。"

这时小男孩心中又暗暗发誓，他不要做个残废，他一定要起身走路，但不幸的是他的下半身毫无行动能力。两只细弱的腿垂在那里，没有任何知觉。出院之后，他妈妈每天为他按摩双脚，不曾间断，但仍没有任何好转的迹象。即使如此，他要走路的决心也未曾动摇过。平时他都以轮椅代步，有一天天气十分晴朗，妈妈推着他到院子里呼吸新鲜空气。他望着灿烂阳光照耀的草地，心中突然有了一个想法。他奋力将身体移开轮椅，然后拖着无力的双脚在草地上匍匐前进。

一步一步，他终于爬到篱笆墙边，接着他费尽全身力气，努力地扶着篱笆站了起来。抱着坚定的决心，他每天都扶着篱笆练习走路，一直走到篱笆墙边出现了一条小路。他心中只有一个目标：努力锻炼双脚。凭着钢铁般的意志，以及每日持续的按摩，他终于能用自己的双脚站起来了，然后走路，甚至能跑步。他后来不但走路上学，还能和同学们一起享受跑步的乐趣，到了大学时，他还被选入田径队。

一个被火烧伤下半身的孩子，原本一辈子都无法走路跑步，但凭着他坚强的意志，跑出了全世界最好的成绩，他就是葛林·康宁汉博士。

对于一个遭遇不幸的人，首先要战胜的就是心理的阴影，这个过程是艰难的。而这种艰难往往是人为制造的，一方面来自自身的自卑和沮丧，另一方面则来自滥施同情或者心术不正的人们。但是不幸的

人一旦战胜这一切，就会成为一个比平常人更加坚强的强者。

英国作家萨克雷有句名言："生活是一面镜子，你对它笑，它就对你笑；你对它哭，它也对你哭。"确实，不管你生活中有哪些不幸和挫折，你都应以欢悦的态度微笑着对待生活。下面介绍的几条原则，可以帮助你在生活中感受到满足，减轻或者消除你的烦恼。

（1）要朝好的方向想。有时，人们变得焦躁不安是由于碰到自己所无法控制的局面。此时，你应承认现实，然后设法创造条件，使之朝着有利的方向转化。此外，还可以把思路转向别的什么事上，诸如回忆一段令人愉快的往事。

（2）不要把眼睛盯在"伤口"上。如果某些烦恼的事已经发生，你就应正视它，并努力寻找解决的办法。如果这件事已经过去，那就抛弃它，不要把它留在记忆里，尤其是别人对你的不友好态度，千万不要念念不忘，更不要说："我总是被人曲解和欺负。"当然，有些不顺心的事，适当地向亲人或朋友吐露，可以减轻烦恼造成的压力，这样心情会好受一些。

（3）放弃不切合实际的希望。做事情总要按实际情况循序渐进，不要总想一口吃个胖子。有人为金钱、权力、荣誉奋斗，可是，这类东西你获得越多，你的欲望也就会越大。这是一种无止境的追求。一个人发财、出名似乎是一下子的事情，而实际上并不然。因此，你应在怀着远大抱负和理想的同时，随时树立短期目标，一步步地实现你的理想。

（4）要意识到自己是幸福的。有些想不开的人，在烦恼袭来时，总觉得自己是天底下最不幸的人，谁都比自己强。其实，事情并不完全是这样，也许你在某方面是不幸的，在其他方面依然是很幸运的。如上帝把某人塑造成矮子，但却给他一个十分聪颖的大脑。请记住一句风趣的话："我在遇到没有双足的人之前，一直为自己没有鞋而感到不幸。"生活就是这样捉弄人，但又充满着幽默之味，想到这些，你也许会感到轻松和愉快。

自乐

人与人之间的最短距离是一个可以分享的微笑，即使是你一个人微笑，也可以使你和自己的心灵进行交流和抚慰。一旦你学会了阳光灿烂的微笑，你就会发现，你的生活从此变得更加轻松，而人们也喜欢享受你那阳光灿烂的微笑。

如果说挫折是锋利的刀，那么微笑就是高雅的百合；如果失败是陡峭的山崖，那么微笑就是平坦的道路。

人生路上，没有遗憾是不快乐的；人生路上，没有爱是不幸福的；人生路上，没有忘记是很伤感的，所以让我们学会忘记一切痛苦与不快吧。

微笑永远是美好的。它能抚平我们心中的创伤，能使人精神焕发，充满自信，能使人天真活泼。如果我们拥有微笑，就会拥有幸福的人生；如果想拥有幸福人生，那就用微笑面对它吧！

心灵悄悄话

生活中有苦难也有痛苦，但我们绝不能因为苦和累，就整天愁眉苦脸，好像社会对自己有所亏欠似的，这样不但会让自己的心里感觉更累，而且在他人看来也不好。所以，应该学会，在苦和累的时候保持笑容，这时，你会发现微笑有着非凡的威力，能够让自己瞬间扫清郁闷和苦累，也能够让他人心情顺畅。

苦中作乐，成功才能与你相伴

上帝对天使们说："我要人类在付出一番努力后才能找到幸福快乐。那么，我们把幸福快乐藏在哪里好一些呢？"有一位天使说："把它藏在高山上，这样人类肯定很难发现。一定要让他们付出巨大的努力才行。"上帝听了后，摇了摇头。

另一位天使说："把它藏在大海深处，人类一定发现不了它。"上帝听了还是摇摇头。

又有一位天使说："我看啊，还是把幸福快乐藏在人类的心中比较好。因为人类总是向外去寻找自己的幸福快乐，而从来没有人会想到从自己的身上去挖掘幸福快乐的宝藏。"上帝听了后，点了点头。

其实，快乐就藏在你的心里。所以无论遇到了什么，纵使再苦也要笑一笑。

要得到快乐，就要养成快乐的习惯。快乐习惯是开启我们内心愉悦的钥匙，快乐习惯是幸福的火种和源泉。在日常生活中，我们都有"不快乐"的习惯，而很少养成"快乐"的习惯。我们在小事上的烦恼、挫折、牢骚、不满、懊悔、不安的反应，在很大程度上便是出自习惯的反应。

如果你能养成快乐的情绪习惯，你就会变成自己情绪的主人而不是奴隶。只要情绪保持乐观，甚至在遇到艰难困苦、极其不利的事情时，我们也能保持可贵的乐观，快乐和成功就会自然而然来到我们身边。

自乐

生活的情调要靠自己去创造，与其苦苦抱怨现实，不如用心去体会现在真实的快乐。有人说："我们往往在山间海际追寻青鸟，却不知道青鸟就在眼前。"

西雅图有个很特殊的鱼市场，在那里买鱼简直就是一种享受。

在鱼市场里，虽然腥味扑鼻，但到处都是鱼摊老板们的欢声笑语。他们面带笑容，像是合作无间的棒球队员，他们让冰冻的鱼像棒球一样在空中飞来飞去，大家互相唱和："啊，5 条鳕鱼飞往明尼苏达去了""8 只螃蟹飞往得克萨斯了"……

有的外地人看到这一幕后，很不理解地问当地的鱼摊老板们："你们在这种环境中工作，怎么还会保持这样的乐观情绪呢？"

有一个鱼摊老板说："事实上，这个鱼市场在几年前还是个毫无生气的地方。大家除了整天抱怨，就没有别的事可做了。后来，大家认为与其抱怨脏乱的环境、繁重的工作，不如改变自己的情绪、工作的品质。"于是，大家不再抱怨生活本身，而是把卖鱼当作了一种艺术。再后来，一个创意接着一个创意，一阵笑声接着另一阵笑声，他们共同创造了这快乐的生活。

鱼摊老板们在这种快乐的环境中练久了，个个都身手不凡，简直可以和杂技艺术团的演员相媲美。这种工作的气氛还直接感染了附近的上班族。他们常到这里来和鱼摊老板们共同就餐，以便把这种活跃的工作气氛也带到他们的工作中去。这中间，甚至还有管理人员，他们因没有办法提升员工工作积极性，而专程赶来取经："为什么一整天在这个充满鱼腥味的地方做苦力一样的劳动，你们还是这么的快乐？"鱼摊老板们已经习惯了诸如此类的问题，而且他们也都以自己的实际行动很好地回答了这些问题。

有时候，鱼摊老板们还会请顾客参加接鱼游戏。即使怕鱼腥味的人，也都在热情的掌声中一试再试，乐此不疲。每个愁眉不展的人进了这个鱼市场，都会笑逐颜开地离去，而且手中还提满了情不自禁买下的鱼。

在人的一生中，会有很多日子是处于低潮期的，生活中的许多原因都可能引起沮丧和烦恼。比如，情场失意、经济拮据、孤独寂寞、夫妻不和、母子矛盾等，都会使人快快不乐。

没有人能够逃脱不幸与不快，即使你长途跋涉，走遍天涯海角，寻得一个看破红尘的高僧，他同样也逃脱不了现实中的猜疑、精神上的不满和生活中的无聊。不然他做僧人干什么？世界上本不存在极乐天堂，没人能从世俗的烦恼中解脱出来，我们所能做的就是端正心态，转念一想，坦然接受这些不愉快。当苦难来临时，只要我们以另一种视角看问题，或许便能得到快乐。

没错，快乐就这么简单，只要你养成了快乐的习惯，不论面对何种艰难的处境，你都能保持乐观的心态，都能以坚强的意志和灵活的头脑渡过难关。而当你有了坚强的意志和灵活的头脑后，成功对你来说，还是一件困难的事情吗？

心灵悄悄话

巴尔扎克说："苦难是人生的一块垫脚石。"因此，我们要善待苦难，要学会苦中作乐，善待，就在于"化腐朽为神奇"。一个优秀的人才，在综合素质方面就包含着在逆境中战胜"苦难"的本领，否则，就是不完备的，甚至称不上优秀人才。苦中作乐不是自我麻痹，更不是消极退却，而是学会培养一种健康的、积极的心态。要在失败后尽量减轻它给我们带来的痛苦。

苦难是告别平庸的良药

每个人的人生中都充满了苦难。人是从苦难中成长起来的，唯有把苦难当作良药，乐观奋斗，才能得到人生中最珍贵的财富。

有一个女孩，很小的时候就有一个梦想，做一名出色的滑雪运动员。然而，不幸的是她竟患上了骨癌，为了保住生命，她被迫锯掉了右脚。后来，癌症蔓延，她又先后失去了乳房及子宫。接二连三的厄运不断地降临到她的头上，却从来没有使她放弃心中的梦想，她一直都告诫自己："我要对自己的生命负责，决不轻言放弃，我要向逆境挑战。"她没有被病魔打倒，相反，她以顽强的斗志和坚忍的毅力，排除万难，成为滑雪运动员，还为国家创下多项世界纪录，其中包括1988 年冬奥会的冠军，并在美国滑雪锦标赛中先后赢得 29 枚金牌。后来，她还成为攀登险峰的高手。她就是美国运动史上极具传奇色彩的著名滑雪运动员——戴安娜·高登。

人生路上，有顺境，但更多的是逆境。对某些人来说，逆境是学校，厄运是老师。逆境能激发一个人的斗志，把蕴藏的潜力尽情地释放，把逆境转变成一个人奋发进取的舞台。古语说得好，"自古英雄多磨难，从来纨绔少伟男""忧劳可以兴邦，逸豫足以亡身"。

但厄运并非总是财富，就像并非每一个身处逆境的人都能像戴安娜·高登那样把苦难作为通向成功的垫脚石。正如巴尔扎克所说："世界上的事情永远没有绝对的，结果完全因人而异。"苦难对于强者

是一块垫脚石、一笔财富，对弱者则是一个绊脚石。

的确，我们无法改变昨天的事实，但今天的人生态度决定我们明天的人生轨迹。苦难激发人的潜能，把苦难当作一块成功的垫脚石，在黑暗的尽头，我们将看见光明。

洪战辉是河南省周口市东下镇洪庄村人，12岁那年他小学毕业时，家庭生活发生了改变，患有间歇性精神病的父亲从外面带回了一个弃婴。

家里太穷，负担不起哺育女婴的花费，母亲让洪战辉把女婴送人。洪战辉不忍心，就把女婴留下了，并给她起名为洪趁趁，小名"小不点"。由于父亲患病，家庭的重担全部压在了目不识丁的母亲身上，她还经常遭受父亲无缘无故的毒打。1995年秋天的一天，母亲忍受不了家庭的重担、丈夫的拳头，选择了逃离。母亲走了，父亲是病人，刚刚满1岁的"小不点"怎样才能带大。久坐之后，洪战辉告诉自己：既然一切已无法改变，那就承担吧。

那时候家里太穷，为了买奶粉养妹妹，洪战辉从小学时就做起了小贩，在附近的集市上，冬天卖鸡蛋，夏天卖冰棍。实在没钱的时候，有时就带着妹妹到有小孩的人家借口奶吃。他还想着给"小不点"补充营养，最多的时候，是上树掏鸟蛋给妹妹做鸟蛋汤，为此，他不止一次从树上摔下来。

从高中起，他就带着妹妹上学，他利用假期打工所挣的钱交了学费，还在校园里利用课余时间卖起了学习书籍。就在进入高一时，父亲的病情恶化了，必须住院治疗。于是，洪战辉只得休学挣钱为父亲治病。怀着不屈的信念，经过不懈的拼搏，2003年7月，洪战辉考取了湖南怀化学院。课余时间里，洪战辉在校园里卖过电话卡，为电视台某栏目组拉过广告，还给一家电子经销商做销售代理。目的就是想挣钱带着失学在家的妹妹一起来上学。

他携妹求学12载的故事，经过多家媒体报道后，已成为社会关

注的焦点，不断有人表示愿意捐款，以帮助他抚养妹妹。令人意想不到的是，后来，洪战辉在某媒体上发表公开信，在这封信里，洪战辉在向关心他与妹妹的人表示感谢的同时，明确提出他可以养活自己和妹妹，不需要任何社会捐款。"因为我觉得一个人自立、自强才是最重要的。苦难和痛苦的经历并不是我接受一切捐助的资本。我现在已经具备生存和发展的能力！这个社会上还有很多处于艰难中而又无力挣扎的人们！他们才是需要帮助的！"

面对再大的苦难，洪战辉自始至终不放弃追求，不屈服于现实，虽然饱受着肉体上的折磨，但很大程度上保持了心灵的平静，这正是一个自尊、自重、自强、自爱的人面对苦难的人生态度。

苦难中能够保持镇静，是常人很难达到的一种人生境界。直面苦难，不怨天尤人，不牢骚满腹，将苦难看作生命中的一种磨砺，无疑需要很大的勇气。一旦我们超越了苦难，战胜了苦难，我们所获取的必定是面对生活重新微笑的机会。

心灵悄悄话

人的一生难免会遭受很多苦难。但苦难并不是我们人生道路上的绊脚石，相反，它却是一份宝贵的财富，要想放弃平庸的人生，必须正确地看待苦难并超越它，把苦难看作人生道路上的垫脚石，才能尽快到达成功的彼岸。

自强不息，创造奇迹

如果现实生活中你遭遇到了不幸，你是沉迷于抱怨而不能自拔，还是能够用顽强的意志去征服世界，创造奇迹？可以说，你的心态完全决定你的命运。

在美国，有一个越战时期的军人，他是一个有手无腿的残疾人，却成为家喻户晓的英雄。他的名字任何一个美国人都耳熟能详——鲍勃·威兰德。他并不是靠越战时期作战的英勇和赫赫战功而成为美国人心目中的英雄的，在美国人的心目中，他是意志的化身、勇气的象征、奇迹的创造者。在教育后代的时候，人们会说，要像鲍勃·威兰德那样！

1969 年，当鲍勃·威兰德刚刚 23 岁的时候，他以大学的棒球主力队员而闻名。这个时候，他接到了让他应征从军远赴越南战场的征兵令。不幸的是，在他刚到越南的第二个月，他就在越南西贡市近郊的亚热带密林中踩上了地雷，腰身以下顷刻间不复存在。他由一个高 190 厘米、体重 90 公斤的魁梧男子变成了不足一米高，有手无腿的半截人。

面对这样的人生遭遇，灰心丧气以至轻生厌世都是可以想象的，但是鲍勃·威兰德没有，他选择了另外一种方式！

鲍勃·威兰德告诉关心他的人："我是不会求助于别人的。"他对人们说：没有了双腿，我还有双手，我可以用双手代替双腿。在医院里，他拒绝护理人员给他更衣，上下楼梯他也拒绝护理人员搀扶。

"我有双手，我什么都还能做。"他这样告诉护理人员。开始时他很吃力，但不久他就行动自如了。后来又学会了自己驾驶汽车，又重新踏进了洛杉矶的大学校门，甚至考取了体育教师的资格。

鲍勃·威兰德自强不息的精神感动了许许多多的美国人，也感动了一位时装模特的芳心，她毅然冲破世俗的压力，与他相携走进了婚姻的殿堂，结为伉俪。

不久，鲍勃·威兰德又做出了一个令所有美国人瞠目结舌的举动，他要用手跑完从洛杉矶到首都华盛顿的 5000 公里路程。几乎所有的人都认为这是个不可思议的决定。

5000 公里路程，沿途既有连绵起伏的山路，也有荒无人烟的戈壁沙漠，更有人迹罕至的原始森林。他的家人都极力劝阻他，舆论也在积极赞美的同时奉劝他为了身体三思而后行。但是鲍勃·威兰德下了决心，他说："我并不认为自己是个残疾人。只要是你想做的事情，那你就一定能够做到，就看你想不想做了。"

伟大的鲍勃·威兰德上路了。从一开始启程，他就成了美国舆论的焦点，几乎所有的美国报刊都始终关注着他的一举一动。所到之处，他都受到了空前的欢迎。无以计数的家长带着自己的儿女到鲍勃·威兰德的经过之地等待他的到来，他们要告诉自己的孩子，这个人就是那个征服自己的人，就是那个从来都不知道什么是困难的人，就是那个从来也不求助别人的人。

他耗费了整整 3 年零 8 个月又 6 天的时间，用自己的双手，走完了从美国西部的洛杉矶到美国东部的华盛顿，跨越整个美国大陆的5000 公里路程！其间，经历过 45℃的沙漠高温，经历过零下 20℃的严寒，爬上过海拔 2400 米的山口要塞。但坚强的鲍勃·威兰德都战胜了它们，他最终走到了华盛顿。

在他临近华盛顿的时候，整个华盛顿，或者说整个美国，万人空巷，像欢迎一支作战凯旋之师一样欢迎他的到来。

在美国，他的名字是勇气、坚强、意志的代名词。他的那句话已经深入人心，激励着每一个自强不息的人：我是不会求助于别人的，谁都能够创造奇迹。

顽强的意志可以征服世界上任何高山，威兰德用自己超乎寻常的行动再次证明了这句话。一个有手无腿的半截人，竟然学会了驾驶汽车，考取了体育教师的资格，甚至用自己的双手，横跨整个美国大陆的 5000 公里路程。他用顽强的意志创造了一个奇迹。如果我们将威兰德的精神学到手，那么还有什么困难可以阻挡我们前进的步伐？

每个人都会遇到厄运，只要放弃悲伤，自强不息、坚持不懈地努力奋斗，就能够从厄运中崛起，成就一番轰轰烈烈的大事业。

心灵悄悄话

人生中有顺境也有逆境，有幸运也有厄运，无论是与生俱来的残缺，还是遭遇了天灾人祸，但只要我们敢于面对生活的苦难，自强不息，就一定会赢得掌声，赢得成功，赢得幸福，苦难与厄运也就成了我们人生发展的垫脚石，它可以垫起我们人生的高度。

第四篇　再苦也要笑一笑

笑一笑十年少，笑一笑解千愁

美国医学界将欢笑称为"静态的慢跑"。笑能使肌肉松弛，对心脏和肝脏都有好处。如果生活中没有时间去"慢跑"，我们可以每天多笑一笑，甚至哈哈大笑几十次，以调节身体状态，增进健康。

每个人都希望从不良情绪中解脱出来，而最简单而有效的方法就是自我改变面部表情，让微笑挂在脸上。

如果自己的脸上经常面带微笑，其他人也会快活起来，因为情绪是可以感染的。改变面部表情的方法很多，比如对着镜子练习微笑，让自己的笑容自然大方得体，这样每个人都能够轻易而自然地笑起来。不妨自己马上认真地体会一下，如果你练习微笑，你的心情就会感到轻松。

19 世纪电磁学领域中最伟大的实验物理学家法拉第年轻时，工作十分繁忙，精神处于高度紧张状态，长此以往，法拉第的身体越来越虚弱且精神失调。法拉第在医生的指导下服用很多药物仍不见起色。

后来一位名医对法拉第进行了仔细检查，他给法拉第开了一副药方，法拉第一看愣住了，药方上写了这样一句话："一个小丑进城，胜过一打医生！"

法拉第反复琢磨这句话，终于明白了其中的奥秘。从此以后，法拉第经常抽空去看马戏、滑稽戏与喜剧，经常高兴得开怀大笑，一段时间过去了，法拉第的病情慢慢地有了好转，并逐渐恢复了健康。

能流传至今的民谚，是历史几经大浪淘沙淘出来的"金子"，所以，民谚是不可小觑的，"笑一笑，十年少"这句谚语也是如此，这句民谚高度概括了人的心理状态与健康的关系。

所以，人应该有事没事要乐一乐，相信，一笑解千愁。生活中，我们不妨多笑一笑，让笑成为自己的一种习惯。那些不爱笑的人不要想着充什么"酷哥""冰美人"，要学会用笑来装扮你的脸，每个人笑起来的时候都是太阳，有谁会拒绝太阳的温暖呢？

人之所以会有悲伤、忧虑、愤怒、哀愁等情绪，无非是因为事业、家庭、人际关系等方面有不尽如人意的事情。因不如意而情绪不好，还有可能导致进一步的不如意，这也应了那句俗话——一分精神，一分财。这里的精神当然指的是精力充沛、神气十足、喜气洋洋。

事实也证明，乐观开朗的人，往往能把家庭、事业打理得井井有条，人际关系处理得也很到位；而那些搞砸自己的事业、家庭、人际关系的人，常常是那些愁眉苦脸、垂头丧气的人。

所以，应多笑一笑。笑会驱使你的精神状态向好的方面发展，而良好的情绪、精神状态会促进事业发展、家庭和谐、人际关系协调，不良情绪就会远离你，可以说这是一个良性循环。

人因为快乐所以会笑，让笑成为一种习惯，其实是让快乐成为一种习惯，不论是顺境还是逆境，不论富有还是贫穷，都应该保持快乐，因为上天不会因为看到你悲伤，就会把逆境变成顺境，让贫穷的你变得富有，机会与成功往往垂青那些笑对逆境、贫穷但依然快乐着的人。

如何才能让笑成为自己的一种习惯，怎样用笑来释放自己的不良情绪呢？

1. 平时多笑

平时就保持笑容，可以避免不良情绪的累积。不要等到不良情绪达到过激状态时，才想到释放情绪，而应该在平时就多笑，保持一种

轻松状态，随时把不良情绪处理掉。

一旦把笑当作一种习惯，变成性格中的一部分，就会使自己变得乐观开朗，就更容易保持一种情绪健康的状态。

2. 一个人的时候进行笑的练习

每天可以抽出 15 分钟，比如早上起床以后，或者睡觉前，对着镜子进行练习。不管是什么笑，都可以尝试一下。你可以把它当作一种自我表演，把自己当成一个优秀的演员，镜子里的你，也许会让你大吃一惊——原来自己还可以这样笑！笑可以让自己的心情轻松，松弛脸部肌肉，有时候甚至会真的把自己逗乐。

3. 在面对困难或遭遇挫折时，鼓励自己笑一笑，装笑也管用。

其实，笑并不难，难的是让笑成为一种习惯；偶尔快乐也并不难，难的是经常快乐，难的是让快乐成为一种习惯。让快乐成为习惯，让笑成为习惯，不论是晴空万里，还是乌云密布；不论是生机盎然的春天，还是秋风瑟瑟的秋天。

所以，在生活中遇到困难、遭遇不幸，或者被病魔缠身时，如果能鼓励自己笑一笑，缓解一下气氛，还能感染别人，让别人和你一起共渡难关。

心 灵悄悄话

生命中的每个挫折、每个伤痛、每个打击，都自有它的意义。只有酸甜苦辣咸五味俱全了才是生活的全部，只有悲喜哀痛等七情六欲全部经历了，才算是完整的人生。

第五篇 >>>

人生乐在相知心

　　友谊是一片照射在冬日的阳光，使贫病交迫的人感到人间的温暖；友谊是一泓出现在沙漠里的泉水，使濒临绝境的人重新看到生活的希望；友谊是一首飘荡在夜空的歌谣，使孤苦无依的人获得心灵的慰藉。

　　友情是彼此为对方吹响的鼓舞前进的号角，而不是相互利用的工具；友情是彼此为对方美好的情操而唱的赞歌，而不是相互间的哄骗和吹嘘；友情是为了使朋友之间成为彼此品行高洁的一面镜子，而不是为了使彼此成为对方恶行的帮凶……

真正的朋友

真正的朋友，是什么样子呢？友爱的，善良的，还是……其实，真正的朋友是值得你信任的，是会在你需要的时刻主动帮助你的人。

一位犹太父亲自知将不久于人世，于是他把唯一的儿子叫到病榻前并且叮嘱他："除了一生积攒下来的财富，我留给你的还有一生当中唯一的朋友。他住在一个非常遥远的地方，这是他的地址，如果你遇到解决不了的困难，就去找他。"说完父亲把手中一个写着陌生地址的纸条交到了儿子手里，然后就撒手人世了。

失去了父亲，儿子感到万分的悲痛，在悲痛之余他又为父亲临终时留下来的话感到不解："父亲明明知道我有许多形影不离的好朋友，为什么要我在遇到困难时去找他那位已经多年不再联系的唯一的朋友呢？"虽然对父亲的话感到有些纳闷，但是一向听从父亲教诲的他还是把父亲留下来的纸条保存在一个稳妥的地方。

在父亲死后的几年里，儿子依然像父亲在世的时候一样大把花钱，不断宴请自己结交的朋友，当朋友遇到困难时他总是慷慨解囊，但是他却忘了小时候父亲对如何理财的教诲。由于过度花费又没有其他进账，所以父亲留下来的钱财很快就被他花光了。几乎一无所有的他向那些他曾经帮助过的朋友们寻求帮助，没想到过去热脸相迎的朋友们一个个都变得冷漠至极。

"破屋又遭连阴雨，漏船又遇打头风。"一次，放高利贷者到他家向他要账，由于对方恶语相向，他一时气愤便把对方打了个头破血

流。他知道对方一定不会善罢甘休，也许过不了多久自己就会被抓进监狱。一想到这些，年轻人开始害怕起来，他决定先到朋友那里躲一躲，然后让他们帮助自己解决这场灾难。于是他连夜到各个朋友家中敲门求助，可是没有一个朋友愿意惹官司上身，甚至大多数朋友连家门都不愿意让他进。

在心灰意冷之际，他想到了父亲临终时留下的纸条。于是他简单地打点行装，开始寻找父亲的那位多年不见的朋友去了。

虽然一路上历经磨难，但他还是来到了父亲的老友门前。父亲的老友显然并不富裕，看到这些他不由得又对父亲的话多了几分不解。当他疑虑重重地向对方说明自己的身份并且表明自己目前的处境时，对面的老人很快将他拉到了家中，叫妻子赶快为年轻人准备可口的饭菜，他自己则迅速走了出去。过了将近1个小时的时间老人才满头大汗地回来，并从外面抱回来一个年代很久的坛子。令年轻人感到吃惊的是，坛子里面居然有十几块闪闪发光的金币，更令他感到出乎意料的是，这位老人居然要将这些金币全部送给他。老人一边将金币放到年轻人手中，一边对他说："这是我年轻的时候和你父亲一起做生意时分得的利润，你全部拿去，用它们还清债务，剩下的钱你就用它们去创造更大的财富吧。年轻人，想想你父亲当年的做法，以后要知道怎样积累钱财。"

年轻人带着十几块金币走了，他同时带走的还有对真正友谊的大彻大悟。要知道真正的友谊，是可以帮助你成长和致富的。

心灵悄悄话

真正的朋友往往不是那些锦上添花之辈，而是雪中送炭之人。危难之际见真情，真正的朋友必定能够经得起时间和环境的考验。如果只能同享乐而不能共患难，那就不是真正的朋友。

温暖的朋友

几米说:"生命中不断有人离开或进入。于是,看见的,看不见了;记住的,遗忘了。生命中不断地有得到和失落。于是,看不见的,看见了;遗忘的,记住了。"

一个朋友感伤:我已经不记得那些在我的生命中出现又离开的人了。他们曾经因为某种关系和我认识,有过快乐或不愉快的回忆,我们因为需要彼此联系在一起,后来因为不需要而告别。

时光流逝了,身边的朋友越来越少,现在留在我身边的人,也无非是那几个朋友。也许,朋友真的不在于数量,而在于能分担彼此的不快乐,在你难过时陪在你身边,哪怕什么话也不说,只要看到她眼睛里的关心,就知道她是懂你的,就觉得是温暖的。这就够了。

琳是我的大学同学,当她第一次出现在我的视线里时,我开始相信"一见钟情"了,我认定了她是我这一辈子的朋友,四年的友谊、四年的感情也证明了我的结论是正确的。

也许是因为某种原因,我们在军训的第一天认识了,用一种毫不夸张的语气来说,就是我们吃喝拉撒都在一起了。她比我小两岁,我总是把她当作妹妹一样地照顾,有时候我开玩笑地问她:"我们上辈子是不是真的是姐妹?"她很幽默地回答我:"那我们回去问问自己的父母吧!"

闲暇时光,我开始回忆我们四年的点点滴滴。

军训完毕,我们没有被分在一个宿舍,我们用尽了各种办法,依

旧没有协调好，但这并不妨碍我们两个人一起上学、提水、吃饭、逛街。

她总是很喜欢我买的每一件衣服，只要她喜欢，我都会借她穿几天。她总是穿着可爱装，于是我开始培养她走"女人路线"，从穿衣到高跟鞋。没想到她接收速度还比较快，现在穿着高跟鞋走起路来比我还溜，我都甘拜下风了。

我谈恋爱了，她替我高兴，为我祝福；我失恋了，她陪着我一起哭。有了这样的朋友，我还奢求什么呢？

大三的时候，我和男朋友分手了，男朋友威胁我，不让我回宿舍，我坐在校园里歇斯底里地哭着，是她，帮我摆平了一切，把我送回宿舍，陪我哭着，劝了我一整夜。第二天，两个熊猫眼出现在了校园里。

无论何时何地，我们都惦记着对方，即使一个苹果，我们也想着要给对方吃。

有一年，流行织围巾，我挑了她喜欢的颜色，为她织了围巾。当我把围巾给她时，她抱着我说："雨，你知道吗？这是我这一生收到的最好的礼物，我们宿舍的都在给男朋友织围巾，却谁也没有想起来给我织一条，她们都对我说，你这个朋友一定要交定了，因为你总是替对方考虑，细心地观察朋友缺什么，因为你总是把朋友放在第一位。"我擦着她的眼泪，笑了。

20岁的生日，她送了我一只夜光烛，她说要让这只夜光烛照亮我的人生。

22岁的生日，她送了我一套化妆品，让我开始打扮我的美丽人生，她说我用的第一套化妆品一定要是她送的，事实也是如此。

我们曾经为了她的工作而争吵不休。我要她回家做着舒适的公务员的工作，而她却喜欢在外奔波。她对我说："雨，我觉得我们还年轻，应该有梦想，应该自己去闯一闯，有一天老了就再也闯不动了，现在闯了至少不会给以后留有遗憾。现在苦是苦点、累是累点，但我喜欢，因为这样的生活让我感到很充实、很开心、很快乐！"于是，我尊重了她的想法。

虽然她上班了，却总是不懂得打扮自己，大冬天的穿着职业装、露着脖子，也不知道冷，我买了一条丝巾准备送给她，至少可以温暖一下。我知道一条丝巾并不值多少钱，但她一定会喜欢的，友谊不是靠金钱来衡量的。

既然做了朋友，那就做一辈子的朋友吧！琳，如果有来世，我们还做朋友，不，应该是姐妹。曾经看到过这样一段话："千年之前我是你弹断的那根琴弦。穿越时空，我带着你手指的余温转世与你相遇。"没有奢华片段只求平凡温暖。在流逝的年华中我知道我们的友谊比永远多一天！琳，你相信吗？

我的生命中仍然有人离开或进入，可是我已经知道留住该留住的，放手那些不想要的。

友谊，一辈子的朋友，可以带给受伤的人温暖。朋友，给我们所有的梦想插上飞翔的翅膀。

心灵悄悄话

朋友，永远都是这么的亲切，把朋友放在心上是一种缘分的珍惜，把思念藏在心里是一片芳香的记忆，但愿把这美好的感觉永久保存在记忆中，祝福朋友的美好心情永不改变。亲爱的朋友，只有今天心中有梦，明天才会好梦成真！

因为有你

　　在高三的毕业晚会上，小琦担任晚会的主持。晚会上，他们出了一个很浪漫很诗意的节目，每个同学都在纸条上写下自己最喜欢的一个同学的名字，并写出喜欢他（她）的理由。当然是不用署名的，否则会让彼此感觉尴尬，然后由小琦当众宣读。

　　这个提议让大家格外兴奋，这也许是最后一次说出埋藏在心底秘密的机会了。同时，大家也很想知道，自己是否也被他人悄悄地关注并喜欢着。小琦看到，在五彩的灯光下，同学们的脸上都洋溢着青春的激情和焦灼的期待。

　　很快，纸条便收集到了小琦手中，当小琦开始读出它们时，全场顿时沉静下来，大家的眼睛都紧盯着他，眼里写满了紧张与不安。随着小琦念出那些名字和那些与之相关的温情脉脉的文字，全场所有人的目光便会聚焦到被念到名字的同学身上。而那个幸运的同学，则会略带羞涩地、不自然地微笑着，有点不知所措，但他们都可以看到，他（她）脸上带着掩饰不住的骄傲和喜悦。随着纸条一张张念下去，教室里荡漾起一种温馨又明媚的气息。

　　在即将念完最后几张纸条时，小琦发现，几乎班上所有同学的名字都被提及了，唯独没有自己的同桌——那个模样平常、学习平平、性格孤僻的女孩——程雯的名字。此时，小琦看见她正把头埋得低低的，或许这个节目使她感到非常难堪。小琦突然涌起一种怜惜的感觉，就在那一刻，小琦做出了一个决定，小琦要帮帮她！小琦拿出一张纸条——上面当然不是程雯的名字，但小琦却一本正经地念出了程雯的名字，并编了一个关于喜欢她的理由——也许，你不知道你的美，其实，你沉默和文静的样子，是女孩子另一种味道的美。这非常出乎大家的意料，大家的目光一下子就转移到了程雯的身上。程雯更是没想到小琦会念出她的名字，她慌张地抬起头，惊讶地望着小琦，像是在问："这是真的吗？"小琦微笑着向她点点头。小琦的可爱的同学们，居然一齐为她鼓起了掌，掌声真挚而深情。在这突如其来的幸福面前，程雯脸色绯红，眼里闪烁着泪花，手足无措。

从那以后，程雯像换了个人似的，在高三最后的几天里，她终于第一次和那些漂亮的女生肩并肩、有说有笑地走在一起了，她也开始和男生大大方方地交谈。教室里第一次有了她爽朗的笑声。

在同学们的毕业留言簿上，程雯为每一个同学都写下一句相同的话：能与你同学，是我今生最快乐的事。在同学们最后告别校园时，程雯在那群流泪的女生中，哭得最凶。

心灵悄悄话

一句赞赏的话，让女孩生命中从此充满了感动。这种纯真的友情犹如山间清风，夏日香荷，有时淡淡如水，有时浓浓似酒，令人陶醉，也令人感怀。请永远不要吝啬我们的真诚，人与人之间多一些帮助，多一些体谅，友情的暖流就会在这些帮助和体谅间来回流动。

第五篇 人生乐在相知心

远去的歌

电视里、报纸上，那双深邃而饱含忧郁的眼睛早已为大家所熟悉。他是谁？25 岁的莫雷尔面对世界各地众多的来访者，再也抑制不住自己的感情了，当滚滚热泪在那张英俊的面颊上纵情驰骋时，透过朦胧泪眼，奥斯塔河谷悲壮的一幕又重新浮现在他面前……

亚平宁半岛的春天是世界上最美的春天，到处春光明媚，鸟语花香，台伯河水欢畅地流着，一如热情豪放的意大利人。

随着春天的到来，两个来自瑞士的青年——莫雷尔和他 26 岁的朋友丹尼尔·萨特——一个英俊、刚毅的金发小伙子也一同踏上了这片洋溢着罗曼蒂克情调的土地。

能身临其境地领略意大利旖旎的风光是两个年轻人梦寐以求的愿望。

记得早在 5 年前，当他们还在哈佛读书时，两人就对前往意大利旅游表现出了极大的热情，并从那时开始就为这次旅游做了长达 5 年的漫长而精心的准备。今天如愿以偿。两个年轻人怎能按捺得住激动的心情？

性情豪放的莫雷尔对着萨特大叫："伙计，这里是意大利，有何感想？"深沉的萨特沉吟片刻，微微一笑："毫无疑问，我的心情和你一样，太激动了，莫雷尔。"是的，此时此刻，他们的心情绝对是百分之百的相同。

幸福喷泉让他们流连忘返，比萨斜塔让他们为之倾倒，从米兰到都灵，从罗马到热那亚，这个有着灿烂文化的古老国度让两个来自异

邦的年轻人陶醉了。

按照计划，他们将在意大利北部、阿尔卑斯山南麓的奥斯塔河谷登山，然后再于晚些时候前往"威尼斯商人的故乡"领略文艺复兴时期的古韵遗风。美丽的水城威尼斯是萨特心驰神往的胜地。他曾不止一次地对莫雷尔说："来意大利，就要去威尼斯，如果不能成行，将是我最大的遗憾。"

作为亲密无间的好友，莫雷尔知道，萨特说这样的话并非偶然，莎翁脍炙人口的名作《威尼斯商人》对萨特影响极大，威尼斯商人安东尼奥为了朋友，九死不悔，甘愿让放印子钱的犹太商人夺去生命的侠肝义胆使萨特深受感动。他说："我理解安东尼奥，也崇尚他的价值观，然而在世风日下的今天，在我们西方，有多少人的所作所为与安东尼奥舍己救人的精神格格不入？"他是这样说的，更是这样做的。为人着想，救人于危难之中，这样的事他究竟做过多少，他不知道，莫雷尔也记不清。难怪哈佛学友都叫他"安东尼奥"。

莫雷尔永远不会忘记在奥斯塔河谷那难忘的5天，永远不会忘记萨特在料峭的寒风中将一下金色的长发，然后掏出匕首将他与自己维系着的唯一的一根绳索，也是他借以生存的一线希望毅然斩断的悲壮一幕。

"这是怎样的一幕，它如同一张永不褪色的底片，已深深地珍藏在我记忆的深处，将成为我生命的重要组成部分。"莫雷尔如是说。

当暴风雪下到第四天时，他们迷路了，接着又与外界失去了联系，很快食物也将告罄，此时河谷中两个饥肠辘辘的登山者赖以充饥的食品，只剩下不足1.7磅的牛肉了。入夜，在温暖的帐篷中，在熊熊篝火旁，萨特望着这"最后的晚餐"，若有所思地对莫雷尔说："吃下去！"莫雷尔无言，萨特又重复一遍，几番推让，莫雷尔终于将这少得可怜的食物吃了下去。

在这样恶劣的环境下，如果不能尽快找到出路，尽快与外界取得联系，对于饥寒交迫的登山者来说意味着什么，他们都很清楚。当莫

雷尔吃下最后一口食物时，萨特已将所有的登山器械背到自己身上，并将维系两人的一根绳索做了最后一次检查。

一阵强劲的寒风卷着鹅毛大雪呼啸而过，萨特一失足，身体摔向谷底……一根绳子维系着他年轻的生命。

悬空的萨特在身体失衡后的下坠过程中重重地撞在了岩石上，致使手臂粉碎性骨折，更可怕的是随身携带的许多攀岩器械也在这沉重的一击中遗落了，而这一切不幸也正是莫雷尔在营救过程中显得束手无策的重要原因。

几个小时过去了，莫雷尔尝试着各种手段，以期挽救萨特，无奈两人身边都没有得力的救援器械，加之萨特的手臂严重受伤，所以两人的努力一再付之东流，处境也在一步步恶化。

时间一分一秒地在寂静的河谷中流逝。"再不割断绳子，莫雷尔也在劫难逃。"身体悬在岩壁中间的萨特想道。此时，头顶又传来莫雷尔的声音："萨特，坚持。上帝与我们同在，我们会走出困境！"眼看夜幕又将降临，这样的喊声在萨特的耳畔几乎回荡了 24 小时。"朋友，不要做无谓的努力了，你应该活着……"萨特喃喃道。此时，他想到了死，为了不连累莫雷尔，他决心长眠在异国的土地上。蓦然，在幽幽的河谷中，萨特看到了自己美丽的妻子，他仿佛回到了自己的祖国，仿佛又一次与妻子荡身于风景如画的日内瓦湖……不能再犹豫了。终于，他做出了最后的决定，这是一个让莫雷尔五内俱焚、让世人为之汗颜的决定，在生死之间，他接受了死神，他要以"死"去实现他生命的意义。"莫雷尔，听着，只有牺牲我，你才可以脱险，我要割断绳子。祝你好运，永别了！"说着他拔出了随身携带的登山匕首……

雪光下，萨特的脸庞如阿尔卑斯山的岩石般坚毅，蓝色的眼睛熠熠生辉，仿佛熊熊火炬照亮了幽暗的河谷，尽管头顶又传来了莫雷尔近乎愤怒的劝阻声，但他还是义无反顾地割断了绳索，任由自己的躯体向深谷下坠，下坠……悲痛欲绝的莫雷尔在两天后获救了，而英勇的萨特却殒命了。在出事地点，救援人员看到了积雪中的萨特，他静静地躺着，在他的腰间，人们看到了人间的大勇、世间的大爱，那是一根被斩断的绳子，这是他的生命线，是他亲手割断的。

奥斯塔河谷悲壮的一幕，在莫雷尔看来，似一首远去的歌，一首远去的悲歌……

心灵悄悄话

患难之中见真情。朋友像春天角落里的一把伞，当春天的雷雨突然降临之时，会为你撑起头顶的一片天空。朋友就像登山时联系在一根绳子上的两个人，彼此照应和鼓励。朋友可以为了朋友牺牲自己。获得生命的人，承载着朋友的希望，会在人生的道路上走得更坚定。

第五篇　人生乐在相知心

最好的朋友

这是一个很多人知道的故事，可能是作者虚构的故事，但很多人宁愿相信，这是真的！

那是发生在越南的一个孤儿院里的故事，由于飞机的狂轰滥炸，一颗炸弹被扔进了这个孤儿院，几个孩子和一位工作人员被炸死了，还有几个孩子受了伤。其中有一个小女孩流了许多血，伤得很重！

幸运的是，不久后一个医疗小组来到了这里，小组只有两个人，一个女医生，一个女护士。

女医生很快地进行了急救，但在那个小女孩那里出了一点问题，因为小女孩流了很多血，需要输血，但是她们带来的不多的医疗用品中没有可供使用的血浆。于是，医生决定就地取材，她给在场的所有的人验了血，终于发现有几个孩子的血型和这个小女孩是一样的。可是，问题又出现了，因为那个医生和护士都只会说一点点的越南语和英语，而在场的孤儿院的工作人员和孩子们只听得懂越南语。

于是，女医生尽量用自己会的越南语加上一大堆的手势告诉那几个孩子："你们的朋友伤得很重，她需要血，需要你们给她输血！"终于，孩子们点了点头，好像听懂了，但眼里却藏着一丝恐惧！

孩子们没有人吭声，没有人举手表示自己愿意献血！女医生没有料到会是这样的结局！一下子愣住了，为什么他们不肯献血来救自己的朋友呢？难道刚才对他们说的话他们没有听懂吗？

忽然，一只小手慢慢地举了起来，但是刚刚举到一半却又放下

了，好一会儿又举了起来，却再也没有放下了！

医生很高兴，马上把那个小男孩带到临时的手术室，让他躺在床上。小男孩僵直着躺在床上，看着针管慢慢地插入自己细小的胳膊，看着自己的血液一点点地被抽走！眼泪不知不觉地就顺着脸颊流了下来。医生紧张地问是不是针管弄疼了他，他摇了摇头。但是眼泪还是没有止住。医生开始有一点慌了，因为她总觉得有什么地方肯定弄错了，但是到底在哪里呢？针管是不可能弄伤这个孩子的呀！

关键时候，一个越南的护士赶到了这个孤儿院。女医生把情况告诉了越南护士。越南护士忙低下身子，和床上的孩子交谈了一下，不久后，孩子竟然破涕为笑。

原来，那些孩子都误解了女医生的话，以为她要抽光一个人的血去救那个小女孩。一想到不久以后就要死了，所以小男孩才哭了出来！医生终于明白为什么刚才没有人自愿出来献血了！但是她又有一件事不明白了，"既然以为献过血之后就要死了，为什么他还自愿出来献血呢？"医生问越南护士。

于是越南护士用越南语问了一下小男孩，小男孩回答得很快，不假思索就回答了。回答很简单，只有几个字，却感动了在场所有的人。

他说："因为她是我最好的朋友！"

我不知道该用怎样的言语去描绘看完这个故事后带给我的感动。我也不知道该用怎样的言语去描绘友情。但我相信，再也没有人会比这个孩子更懂得友情的含义了。

看一看我们身边的人和事吧。还有多少人真正认为友情的价值大于自己的生命呢？不要说生命，即使是自己的利益，又有多少人会为了友情而放弃自己的利益呢？为了利，有的人甚至可以把朋友当作一种筹码，一种工具！再看一看自己 QQ 上的头像吧，那一个个的头像是不是代表真正的友情呢？我宁愿相信它是，但是这些没见过面的甚

且放白鹿青崖间

至一辈子都不可能见面的朋友,真的是一种友情吗?有些人可以对着电脑狂聊一天,但是和现实中的朋友相聚的时间却越来越少。这样做,是不是顾此失彼呢?我无法回答,也没有资格回答。因为,我自己就是这其中的一个,有心事时,我会找个没见过面的网友倾吐,也不愿把它透露给自己的朋友。也许这样更加易于倾吐吧,但是,这是不是一种对自己朋友的不信任呢?也许,友情的价值真的随着时代的发展而削弱了吧!也许,我们真的开始不再相信友情了吧!

也许,在这个孩子面前,我们真的该反省一下了!扪心自问一下:当我们的朋友真的需要帮助时,我们会为他献出自己的一切吗?

心灵悄悄话

朋友,就像是夜空里的星星和月亮,彼此照耀,彼此辉映,彼此鼓励,彼此相望。朋友,也就是镶嵌在默默的关爱中,不一定要日日相见,却心心相通。朋友不必虚意逢迎,点点头也许就会意了。有朋友若此,不亦乐乎。

白裙子友谊

一条白裙子，一份素色的友谊。然而这份友谊，又是很多人愿意珍惜的！

和婉同宿舍的 6 个女生都来自城市。不用说，婉来自乡下。

进入初夏的一天，同室的雅文从街上买回一条洁白的连衣裙。几个女孩子一下围过去，又捏又揉，争着试穿，赞叹之声不绝。最后，大家商定，她们宿舍的每个人都买一条这样的白裙子。想想看，7 个清纯漂亮的大一女生，身着一色的白裙在校园里鱼贯而行，怕是要掀起一场不小的风波呢！她们征求婉的意见，婉从书上抬起眼睛，极不自然地笑笑，未置可否。

两周后宿舍里便有了 6 条那样的白裙子，只有婉出入还是那身土里土气的衣服。

她们催婉快些往家写信要钱。

写，还是不写？

婉心里非常矛盾。她清楚家里的情况，父母供她上大学已是债台高筑。180 元一条的裙子也许算不上高档，而对于一个贫困的家庭，这个数字意味着什么？

一想到父母疲惫的身影，婉怎么也不忍再开口向他们要钱。可婉真的很想拥有一条那样的白裙子，上天赐给她娇美的容颜和亭亭玉立的身材，只要稍做打扮，她马上就能脱颖而出。

她的信还没来得及发出，却收到了家里的信。父亲说，为了能让

117

婉念完大学，打算让她弟弟辍学，外出打工以贴补家用。

婉将刚写好的信撕得粉碎，然后重写了一封，告诉父亲无论如何要让小弟继续上学，她在这儿花不了多少钱，况且期末能拿到奖学金。

信"咚"的一声进了邮筒，关于一条白裙子的梦想也"咚"的一声沉入海底。

那晚婉失眠了。上铺的雅文睡梦中翻了个身，她的白裙子飘然滑落下来。

婉轻轻捡起来，那柔软的布料丝一般爽滑，她把它贴在脸上摩挲着。她突然想穿上它试试，哪怕只是一小会儿她也会满足的。这种欲望驱使着她悄悄起床，将那条裙子罩在了身上。她对着月光左看右看，心里不胜惊喜又万分紧张，想在屋里走动走动，又怕惊醒了她们，于是蹑手蹑脚出了寝室。

校园里寂静无人，月华如水倾泻在草坪上，月季花羞涩地打开着花骨朵儿。婉穿过红漆长廊，又绕着花坛转了一圈，荷叶边的裙裾在她脚下飞扬。

今夜，婉是月宫里出巡的嫦娥。

婉想，她该回去了，她不敢奢望太多的幸福，只这一会儿就够了。

婉提着裙裾轻轻上楼，又轻轻开门……

突然"啪"的一声电灯亮了，"这么晚了你……"雅文的话只说了一半。所有的人都已醒来，傻子一样看着婉。婉只觉得脑子"嗡"的一声，接着便是一片空白。雅文反应快，伸手拉灭了电灯，她们又都不声不响地睡下了。屋里恢复了死一般的寂静，婉呆立中央，两眼一闭，那一刻她知道了什么叫入地无缝。好一阵子，婉才走到床边，很平静地脱下裙子，叠好放在雅文枕边，之后她钻进被子，蒙上头，这才任泪水恣意流淌。

第二天，雅文她们像是商量好似的，都把白裙子悄悄藏匿了起

来，换上了平时穿的衣服。

那以后，原本就孤独的婉更加形单影只。她每天早出晚归，一个人低着头来去匆匆，白天泡在图书馆里，晚上熄灯以后才偷偷溜回宿舍，一整天也难得说上一句话，对任何人都抱着一种敌对情绪，总觉得她们都在嘲笑自己。婉想："也许我不该到这里来，我就像花园里拱出的一株玉米，孤零零地立在那儿，浑身上下透着自卑自怜。"婉甚至想到过退学。

不过，有一点令婉很感动：这段时间以来，宿舍里谁也没有再穿过一次白裙子。

1个月后的那个星期天，雅文她们都到街上玩去了，婉像往常一样在图书馆待了一整天。晚上她独坐在花坛旁边，双手捧腮，任思绪与月光一起流淌。这一天是她19岁的生日。回去的时候宿舍里已没了灯光，想必她们都睡下了。

婉悄悄开门进屋，突然一道火光点亮了一支红烛，6个身着一色白裙的女孩围坐在桌旁，望着婉眯眯地笑。桌子上摆着一小盒精致的蛋糕。雅文走过来，将一个包装精美的纸盒递给她说："生日快乐！"婉愣了好一阵子，然后用颤抖的手解开红丝带，打开，是一条和她们身上一模一样的白裙子。

原来这1个月里，她们牺牲了所有的课余时间，两个到食堂打扫卫生，三个到校门口的餐馆打杂，雅文则找了一份家教。这样辛苦1个月，居然挣到了300多块。

婉能说什么呢？她什么也说不出口。一切的苦恼都不过是她的自卑罢了。婉将那条白裙子捂在脸上，任泪水把它浸湿……

宿舍里有了第七条白裙子，校园里也从此多了一道亮丽的风景。那以后，她们7个一起参加各种集体活动，一起到校外挣一些微薄的收入。

大学四年，除了那条白裙子，婉的确没穿过一件像样的衣服，但她再也没有因此而自卑过。她曾穿着土里土气的衣服参加过学校的演

——且放白鹿青崖间

讲比赛，并取得了名次；也曾穿着母亲手工做的布鞋和系里最潇洒俊朗的男生跳过舞。从来没有谁因为她的衣衫而忽略了她的笑容。

白裙子，带给女孩的不仅是感动，更多的是友谊，它把几个好姐妹的心，紧紧地连在一起。

心灵悄悄话

白裙子成了婉难以越过的一条鸿沟，但当大家把那条凝聚着爱的白裙子作为生日礼物送到婉面前时，婉流下了感动的眼泪。这泪水里充满着感谢、感激和感动，更包含着一种对未来的期望和希冀。同时，这泪水也恰如一种黏合剂，让 7 个姐妹的心紧紧地连在了一起。

管鲍之交

古时候，有名的故事很多，但是管鲍之间的故事，却让许多人为之赞叹。世界上真的有这样的友谊吗？但是在他们之间，的确产生了这样的友谊。

"管鲍"，是指公元前 7 世纪中国春秋时期的政治家管仲和鲍叔牙，他们俩是好朋友。管仲比较穷，鲍叔牙比较富有，但是他们之间彼此了解、相互信任。管仲和鲍叔牙早年合伙做生意，管仲出很少的本钱，分红的时候却拿很多钱。鲍叔牙毫不计较，他知道管仲的家庭负担大，还问管仲："这些钱够不够？"有好几次，管仲帮鲍叔牙出主意办事，反而把事情办砸了，鲍叔牙也不生气，还安慰管仲，说："事情办不成，不是因为你的主意不好，而是因为时机不好，你别介意。"管仲曾经做了三次官，但是每次都被罢免，鲍叔牙认为不是管仲没有才能，而是因为管仲没有碰到赏识他的人。管仲参军作战，临阵却逃跑了，鲍叔牙也没有嘲笑管仲怕死，他知道管仲是因为牵挂家里年老的母亲。

后来，管仲和鲍叔牙都从政了。当时齐国朝政很乱，公子们为了避祸，纷纷逃到别的国家等待机会。管仲辅佐在鲁国居住的公子纠，而鲍叔牙则在莒国侍奉另一个齐国公子小白。不久，齐国发生暴乱，国王被杀死，国家没有了君主。王子纠和小白听到消息，急忙动身往齐国赶，想抢夺王位。两支队伍正好在路上相遇，管仲为了让纠当上国王，就向小白射了一箭，谁知正好射到小白腰带上的挂钩，没有伤到小白。后来，小白当上了国王，历史上称为"齐桓公"。

自乐

齐桓公一当上国王，就让鲁国把公子纠杀死，把管仲囚禁起来。齐桓公想让鲍叔牙当丞相，帮助他治理国家。鲍叔牙却认为自己没有当丞相的能力。他大力举荐被囚禁在鲁国的管仲。鲍叔牙说："治理国家，我不如管仲。管仲宽厚仁慈，忠实诚信，能制定规范的国家制度，还善于指挥军队。这都是我不具备的，所以陛下要想治理好国家，就只能请管仲当丞相。"齐桓公不同意，他说："管仲当初射我一箭，差点把我害死，我不杀他就算好的了，怎么还能让他当丞相？"鲍叔牙马上说："我听说贤明的君主是不记仇的。更何况当时管仲是为公子纠效命。一个人能忠心为主人办事，也一定能忠心地为君王效力。陛下如果想称霸天下，没有管仲就不能成功。您一定要任用他。"齐桓公终于被鲍叔牙说服了，把管仲接回齐国。

管仲回到齐国，当了丞相，而鲍叔牙却甘心做管仲的助手。在管仲和鲍叔牙的合力治理下，齐国成为诸侯国中最强大的国家，齐桓公成为诸侯王中的霸主。鲍叔牙死后，管仲在他的墓前大哭不止，想起鲍叔牙对他的理解和支持，他感叹说："当初，我辅佐的公子纠失败了，别的大臣都以死誓忠，我却甘愿被囚困，鲍叔牙没有耻笑我没有气节，他知道我是为了图谋大业而不在乎一时之间的名声。生养我的是父母，但是真正了解我的是鲍叔牙啊！"

友谊的佳话，让每个正处在交友过程中的人们相信友谊的真实存在。很多人活得更加幸福、快乐！

心灵悄悄话

管仲和鲍叔牙之间深厚的友情，已成为中国代代流传的佳话。在中国，人们常常用"管鲍之交"来形容自己与好朋友之间亲密无间、彼此信任的关系。

生命中的珍贵

生命中总有许多来来往往的人，就像我们走路时马路上那些过客，有与我们背道而行的，也有与我们走向同一个方向的。

与我们背道而行的，也许我们转瞬即忘，岁月的风，会把他们吹到我们记忆的边缘，甚至是我们的记忆之外。也许，在生命中的某一天里，我们也还会偶尔地想起一些模糊的影子来，但也只是偶尔地想一下而已，他们在我们身后，已离我们越来越远。即使他们因为某些原因又重新折回来，可因为我们已相隔得太远了，也早已无法追得上。

那些与我们同行的，有的与我们擦肩而过，有的也许会陪我们走一段距离。但时间都不会太长，人生的道路上岔道太多，在每一个路口，我们的选择都会不同。你选择了这条路，他选择了那条路，于是，只有分手。新的道路上，当然还会有新的同行者，可也同样还会有新的岔路口。

正是因为有了友情，我们才能感受到人与人之间的温馨。我们的内心仿佛是一只因常常积满忧虑和无奈而倍感沉重的杯子，只有那些为了友情而伸给我们的双手，才愿意真诚地为我们倒空这只杯子，还她快慰和轻松。

正是因为有了友情，我们才能更加感受到做人的尊严和光荣。我们的内心仿佛是一本很厚很厚的书，只有那些和我们的心灵撞出了友情火花的心灵，才会愿意打开这本厚书仔细地阅读和真诚地评注。通过他的评注，我们明白了哪些是该删除的文字；通过他的评注，我们

知道了该怎样才能用自己的生命之笔创造出不朽的杰作。

在这个世界上，一想到除了亲人之外还有人在关心着我们，我们的心灵怎能不燃烧？一想到除了亲人之外还有人在关注着我们的精神世界，这怎能不使我们感到快乐和幸福？一想到除了亲人之外还有人为我们的失败和成功而叹息和祝福，这怎能不使我们感到骄傲和激动？亲情是来自血缘，而友情却是来自苍茫人海中的一种美妙的机缘，来自对彼此荣与辱的分享和分担，来自彼此对对方人格的尊重和对内心的理解。

拥有了友情，就如青山拥有了奔腾的小溪；拥有了友情，就如帆船拥有了顺风；拥有了友情，干渴的旅行者就拥有了清泉；拥有了友情，在这个世界上，我们的灵魂就不再是形单影只；拥有了友情，就会有人在我们成功的时候穿过嫉妒的人丛为我们献上一束鲜花，在我们失败痛苦的时候为我们抚平伤痕。

心灵悄悄话

朋友是缘，值得永远珍惜；朋友是金，经得起恒久考验；朋友是琴，演奏一生的美好；朋友是茶，品味一生的清香；朋友是笔，写出一生的幸福；朋友是歌，唱出一辈子的温暖。祝福朋友天天有美好的心情！

美丽的谎言

高三那年，好友相聚话别。说不完的豪言壮语，道不尽的离愁别绪。曾年少轻狂的我们，那一刻笑得好开心，竟掉下了泪……我们约定了种种联系和相聚的方式，其间好友恒建议元旦时不互寄贺卡，以示我们的清高，以表我们不媚俗从众。我听后便把头埋得很深，沉默不语。这一直是我最不愿谈及的话题。

自从爸爸因车祸花去了大笔的治疗费，我和妹妹的学费便成了父母的负担，他们每日劳作但有时仍入不敷出。此后，每逢元旦前夕的那些日子，我就感到度日如年般的难挨。纵使我节衣缩食，单买贺卡的那笔不大也不小的开支，也足以令我愁肠百结，焦虑万分。何况我又身处一个重视"礼尚往来"的社会。那些日子，我简直是谈"卡"色变。而今，贺卡的档次也是突飞猛进，更是令人"可远观而不可亵玩焉"。

大家纷纷发言，各抒己见，最后一致通过元旦不寄贺卡。我如释重负般地松了口气，暗自庆幸我的这些朋友居然无意中替我解决了一大难题。那天，我们洒泪话别后便天各一方了。

时间在静如流水的生活中飞逝。转眼佳节将至，想起当初的约定，看着街上形状各异的贺卡，我的心中没有负担，反而觉得轻松自如。圣诞节前，大学的室友们便开始收到朋友寄来的贺卡，看着他们兴高采烈的样子，一种不平衡的感觉在我心中油然而生。难道在这个热闹的季节里，单把我一人留在这个被人遗忘的清冷角落吗？我面无表情地坐在一边，心中有种怅然若失的感觉。

自乐

今天便是元旦了，室友们都出去玩了。我独坐在阳台上，呆呆地望着远方，心乱如麻。猛然间，我的第六感觉告诉我有人在叫我，回过头，生活委员把一摞厚厚的信放到我的手中："新年快乐！"我愣住了，一脸的茫然，继而是一阵狂喜。我迫不及待地拆开一封信，看着贺卡上面熟悉的字体、幽默的话语、亲切的问候，我说不出话来。每拆开一封信，就有一股温馨的气息扑面而来，眼前就会浮现出一张熟悉的笑脸，就会再一次加重我眼角的湿润……

我的手颤抖着，竟无语凝噎。仔细看看信封上的邮戳，都是同一天，他们计算着刚好在元旦这天寄到，让我身处"绝境"，不留丝毫礼尚往来的回旋余地。霎时间，我明白了当初的约定……

我泪流满面地笑了。其实从约定的那一刻起，我就应明白这本是一个美丽的谎言，而那时的我实在是太"聪明"了。忽然我想起了那句诗："眼中有泪，心中才有彩虹……"

心灵悄悄话

一张张临近节日"突袭"而至的贺卡，寄来了朋友们的理解和友爱。真正的朋友，在你困难的时候不会对你施加任何压力，在你不幸的时候不会对你袖手旁观，在你成功的时候不会在背后暗自嫉妒。他们快乐着你的快乐，悲伤着你的悲伤。有这样的朋友，还有什么遗憾呢？

第六篇 >>>

能耐孤独方为豪杰

　　每个人都有感到孤独的时候，有些事情不敢跟朋友、同事和家里人说。因为要坚强，要保持自身的良好形象，所以人就变得孤独了。处理的最好办法就是接纳它。当人生开始慢慢接纳了孤独，那么孤独就和人的生活相依相伴，这个孤独就变得无所不能起来。

　　在人生的道路上，有些黑暗，只能自己穿越；有些痛苦，只能自己品尝；有些孤独，只能自己承受。而能承受住寂寞的人不会被浮躁的世俗左右，不会丢弃自己的志向，能始终保持清醒的头脑，只有这样的人，才能成就大事业。

耐心坐自己的 "冷板凳"

一个人不管能力多强还是机遇多好，都不可能保证一辈子都一帆风顺。为别人工作就有可能得不到重用，遭遇坐冷板凳的命运。

人为什么会坐上冷板凳呢？各种原因探究起来是很复杂的。自身能力不佳、被上级部门考验、人际关系影响、环境变化等，都可以是坐冷板凳的原因。但人们真正坐上的不是冷板凳，而是心态。如果抱着冷板凳的心态那就会终日唉声叹气、自怨自艾了。但是如果冷的是板凳而不是心态，那么再冷的板凳都会坐热。要坐热冷板凳就要有坐热的方法和技巧，不但要提高自身的能力，而且要建立良好的人际关系，更重要的是克制自己。

有一个公司的职员，他刚进公司的时候很受老板的赏识。可是过了不久，也不知道什么原因老板不器重他，自己就像被老板 "冷冻" 起来了，他也不知道自己到底犯了什么错误，要如何补救错误。

一年过去了，在这一年里，老板没有召见过他，也没有给他分配重要的工作。但是他没有自怨自艾，而是默默无闻地继续干着自己的工作。就这样又过了一年，老板终于召见他，并且提升了他，给他加了薪。同事们都很佩服他，说他把冷板凳给坐热了。

不管是什么原因坐上冷板凳，都可以利用这一机会好好训练自己的耐性，磨炼自己的心志。如果把冷板凳都坐热了，那么就没有什么好怕的了。在人的一生中，独自出场的机会总是有限的。舞台中央的

人，可能随时不小心就要去坐冷板凳；而坐在冷板凳上的人只要有足够的耐心与能力，一旦时机成熟又会成为炙手可热的主角。人生经历"冷板凳时间"的时候，有人就此沉沦，有人却由此走向成功。从某种意义上说，冷板凳上的表演决定了一个人的成功。正如巴顿将军所说："成功的考验并不是你在山顶时会做什么，而是你在谷底时能向上跳多高。"

2005 年底，小琪跳槽去一家知名企业做销售部副经理，准备在新的岗位上大显身手。等到报到后才知道，此次销售部招了 4 个副经理，他们都是在过去单位独当一面的人物。在各人递交了一份工作计划后，小琪因为与部门经理的销售目标不一致，而与另外一个新同事一起被划归于保守派，坐起了冷板凳。

"挂着副经理的名号，但是手上却没有任何实权，想做任何事情都畏首畏尾的感觉，凡事要向领导请示汇报，甚至重要的事情都不让我参与。"小琪沮丧地将自己的遭遇讲给身边的一个朋友听。没想到那位朋友却说她这冷板凳坐得好，朋友看出小琪的疑惑，接着说："这样一来你可以隐藏自己的劣势，二来你有足够时间了解企业文化及公司的人际关系，冷静观察，从容准备。坐冷板凳不可怕，可怕的是在没有做好充足准备的情况下仓促出场，那样的结果可能会很尴尬。"

小琪认为朋友的话很有道理，便安心于自己的"冷板凳"生活，收起了张扬的锋芒，做好每件小事。因为境遇相似，那个新同事多次拉拢小琪，小琪发现她的心态有问题。因为她不是不停抱怨就是无效抵抗，弄得自己和上级的关系很紧张。看清楚形势的小琪主动与她划清了界限。

一年后，部门经理被解职，因为他的销售没有达到预期的最低目标。这时候的小琪对公司上上下下已经摸得很清楚了，经理走了以后她升职为部门经理。她并没有大刀阔斧地进行改革，而是有的放矢地

主动放权，力求让每个人都能发挥自己的长处，这样，她工作起来不累，而且下属的心态也相对平和。只有跟小琪一起来的那个同事依然觉得整个世界都亏欠了她，还在那儿自怨自艾地抱怨生活的不公平。于是，小琪选择继续让她坐冷板凳。

小琪在谈到她的成功时说："集体的利益是高于一切的，人不能总是高估自己，适当的时候坐冷板凳是必要的。因为在坐冷板凳的时间里可以消磨自己的锐气，能更冷静地想问题，能更好地认识自己和自己的价值。"

人生就是一个舞台，每一次演出都是现场直播，没有彩排，更没有重播。人生的舞台有精彩的时刻也有平常的时候，更可能有低落的时段，这就是人生，时起时落。不管多么消沉都不能丧失生活的信念。把每一次"怀才不遇"都当作休养生息，把每一次低落都当作调整自己的时间，把每一次人生的冷板凳都当作是对自己的考验。人只有在冷板凳上忍受孤寂，才能把板凳坐热。

日本有两位一流的剑客，一位是宫本五藏，一位是柳生又太郎，宫本是柳生的师傅。当年柳生拜宫本学艺时，请教宫本如何成为一流剑客，师徒间就有了这样一段对话：

"师傅，努力学习需要多少年才能成为一名剑师？"柳生问道。

"你的一生。"宫本答道。

"我不能等那么久。"柳生解释说，"只要你肯教我，我愿意努力去达到目的。假如我做你的忠诚仆人，需要多久？"

"那样也许10年。"宫本缓和地答道。

"我父亲的年纪大了，不久我就得服侍他了。"柳生不甘心地继续说道，"如果我更加刻苦地学习，需要多久？"

"嗯，也许要30年。"宫本答道。

"怎么会这样呢？"柳生疑惑地问道，"你先说的是10年，但现在

又说是 30 年。如果我决心不惜任何苦功，要在最短的时间内精通剑术，需要多久？"

宫本说道："如果那样的话，需要跟我一样修炼 70 年，像你这样急功近利进展只会更慢，要知道欲速则不达。"

"好吧，我会很有耐心地跟你学习剑术的。"柳生这才明白自己太过心急了。

开始训练后，宫本给柳生提出的要求是：不能谈论剑术，不能碰剑，只要他做饭、洗碗、铺床、打扫庭院和照顾花园。

3 年的时光就这样过去了，柳生仍然做着这样的苦役，每当他想起自己的前途，内心不免有些凄惶和茫然。

有一天，宫本悄悄从柳生背后溜过去，以木剑给了柳生重重的一击。第二天，正当柳生忙着煮饭的时候，宫本再次出其不意地袭击他。自此以后，无论日夜，柳生都得随时随地预防突然的袭击。就是这样的训练使柳生终于成了全日本最精湛的剑手。

人生重要的不是位置而是所朝的方向。不管在什么样的位置上，那都是短暂的，只有方向是长久的。人的一生苦苦追求的也是自己心中那些既定的方向，有了方向就有了动力。人不管经历怎样的冷板凳，都要耐着性子把它坐热，只要怀着一颗把冷板凳坐热的心态，就没有不成功的事情。

心灵悄悄话

俗话说："欲速则不达。"要想成就一番事业就要耐得住寂寞，坐得住冷板凳，只有如此潜心苦练，才能达到自己理想的目标。坐冷板凳是人生必要的经历，想要把冷板凳坐成热板凳就要克制自己，磨炼自己的耐性，等待蓄势即发的时机。

成功需要耐得住寂寞

人生要耐得住寂寞，成功更需要耐得住寂寞。

"古来圣贤皆寂寞"。所谓寂寞就是孤寂落寞的意思。我们考察历史上有所成就的人就会发现寂寞者大有人在。李白有"抽刀断水水更流，举杯消愁愁更愁"的寂寞；柳宗元有"倚楹遂至旦，寂寞将何言"的寂寞；苏轼有"我欲乘风归去，又恐琼楼玉宇，高处不胜寒"的寂寞；鲁迅先生也曾说过"那寂寞如大毒蛇，缠住我的心了"……

自古圣贤多寂寞，因为他们太优秀了，他们品性高洁，而且思想走在了大多数人的前列，他们是时代的先驱者，他们的观念往往独树一帜，众人很难理解，只能我行我素，所以他们是寂寞的，但他们也是成功的。

世界是千变万化的，人是世界万物的主导，没有不变的事实，只有不变的心态。寂寞，是万千不变里的一枝秀葩，凛冽世俗而坦然处之。能够在寂寞里绽开花朵的人大都是成功的人，不管哪个行业都会有耐得住寂寞的"黑马"，他们都是日行千里的良驹。

拥有寂寞不是主要的，主要的是拥有忍受寂寞的能耐。成大事的人是可以守住寂寞并且善加利用寂寞的人。

贝多芬是德国伟大的作曲家、维也纳古典乐派代表人物之一，被世人尊称为"乐圣"，创作了《第九合唱交响曲》《月光曲》《命运》等名扬世界的钢琴曲。这些不朽的作品正是贝多芬不甘于寂寞的产物。而立之年的贝多芬遭受命运的打击，对执着音乐的人来说，失聪

无异于晴天霹雳。但贝多芬没有气馁，更没有放弃，而是寂寞地行走于音乐的殿堂，谱写了许多千古名曲。

关于《月光曲》的来历有一个美丽的传说。一年秋天，贝多芬去全国各地巡演，在路过莱茵河畔的一个小镇的时候听到有人弹奏他的曲子。怀着好奇心的贝多芬走进了那间月光下的小屋，并且听到了兄妹二人关于音乐门票入场券太贵的谈话。当看到贫穷的鞋匠以及对音乐痴迷的盲人姑娘时，贝多芬有感而发，即兴演奏了一首曲子，就是后来的经典名曲《月光曲》。

如果说这位超越时空的天才作曲家饱尝了失聪的辛酸，不如说那是命运跟他开的一场玩笑，是命运对他的一种最无情的嘲弄；如果说贝多芬不顾失聪的痛苦，以一种超人的毅力继续创作钢琴曲，那么这就是一种鼓舞人心的、近乎令人难以置信的成就。但事实比想象的还要出人意料：实际上贝多芬在完全失聪的岁月里，谱写出的乐章超出了他早期作品的水准。如果没有失聪岁月里的不甘寂寞就不会有今天的那些经典曲目。"我要扼住命运的喉咙，它绝不能使我完全屈服！"这是对一代天才贝多芬的真实写照。

奇迹是为有准备的人创造的机遇，而寂寞是为那些成功的人创造的条件。寂寞是成功的先驱。

《史记》是司马迁的代表作。司马迁以其"究天人之际，通古今之变，成一家之言"的历史事实，使《史记》成为中国历史上第一部纪传体通史，对后世的影响巨大。《史记》的成书是司马迁苦著的结果，是寂寞与泪水的产物。

公元前99年，李陵兵败后投降匈奴，司马迁为其辩护让汉武帝勃然大怒，遂将他打入大牢，后被处以"宫刑"。在牢房里的生活是清苦难熬的，司马迁又备受凌辱，忍受了各种肉体和精神上的折磨，几乎丧失了性命。他本想一死，但想到自己年轻时辛苦搜集的资料如果付之一炬甚是可惜的事情，于是发愤著书。在司马迁50岁的时候获释出狱，当上了中郎令。在别人眼里或许可以安享晚年了，但司马迁继续埋头著书，直到完成书稿。

"人固有一死，或重于泰山，或轻于鸿毛。"为了完成写部史书的夙愿，司马迁忍辱负重，苟且偷生。与寂寞为伴，与寂寞交谈。利用这苦难的寂寞成就了自己的辉煌，也成就了历史的灿烂。《史记》耀眼出世，它是司马迁与寂寞相守的回报，是与寂寞交谈的硕果。

成功者离不开寂寞，寂寞是成功者的同伴。成功需要守得住寂寞，成功需要耐得住寂寞。

心灵悄悄话

成功的人有独到的秘诀，秘诀的重要配方离不开寂寞。寂寞是长夜里的孤灯，虽然冷清但却可以闪闪发光；寂寞是绿草深处的一声蛙鸣，虽然孤寂却可以蓬勃生机；寂寞是古老水井上的一片苔藓，虽然古老却孕育生命。

黑暗无底，忍耐孤独

美国盲聋哑女作家和残障教育家海伦·凯勒得到过很多极高的评价。其中梅特林克夫人曾经这样说道："海伦·凯勒是一个让我们自豪与羞愧的名字，她应该得到永世流传，以对我们的生命给予最必要的提醒。"美国著名作家马克·吐温对她的评价是："19世纪出了两个杰出人物，一个是拿破仑，另一个是海伦·凯勒。"

下面是《假如给我三天光明》中的几段优美文字：

第一天，我要看人，他们的善良、温厚与友谊使我的生活值得一过。

首先，我希望长久地凝视我亲爱的老师，安妮·莎莉文·梅西太太的面庞。当我还是个孩子的时候，她就来到了我的面前，并且为我打开了外面的世界。我不仅要看到她面庞的轮廓，以便我能够将它珍藏在我的记忆中，而且要研究她的容貌，发现她出自同情心的温柔和耐心的生动迹象，她正是以此来完成教育我的艰巨任务的。我希望从她的眼睛里看到能使她在困难面前站得稳的坚强性格，并且看到她那经常向我流露的、对于全人类的同情。

……

有视觉的第二天，我要在黎明前起身，去看黑夜变为白昼的动人奇迹。我将怀着敬畏之心，仰望壮丽的曙光全景，与此同时，太阳唤醒了沉睡的大地。

……

下一天清晨，我将再一次迎接黎明，急于寻找新的喜悦，因为我相信，对于那些真正看得见的人，每天的黎明一定是一个永远重复的新的美景。依据我虚构的奇迹的期限，这将是我有视觉的第三天，也是最后一天。我将没有时间花费在遗憾和热望中，因为有太多的东西要去看。第一天，我奉献给了我有生命和无生命的朋友。

……

海伦的一生是丰富多彩的！

1899 年 6 月海伦考入哈佛大学拉德克利夫女子学院，并于 1904 年以优等成绩毕业，成了一位学识渊博的人。海伦通晓英、法、德、拉丁、希腊五种文字，她到过世界的很多地方，为盲人学校募集资金，她把自己的一生献给了盲人福利和教育事业。

1919 年，海伦的真实故事被搬上了舞台，而演员就是她自己。1953 年一部纪录片《不可征服的人》在美国上映，而这部纪录片讲述的正是海伦的生活和工作。一部描写海伦成长历程的剧本《奇迹的创造者》在 1960 年获得了普利策奖，后来还被拍成了电影。海伦出访很多国家，她用她的演讲激励人们要热爱生活。她一生获得过无数的称号与奖章，1964 年她获得了总统自由勋章。

海伦·凯勒出生于 1880 年，在她只有 19 个月大的时候因猩红热失去了视力和听力。之后不久，她又因为失去听力而丧失了语言表达能力。生活在黑暗而又寂寞的世界里是她的不幸。然而在 1887 年，当时海伦也已经 7 岁，其遇到了令她幸运一生的老师，那就是安妮·莎莉文。

海伦听不到、看不见也说不出，与家人沟通都十分困难。在她 7 岁的时候，家里为她请来了安妮·莎莉文做她的家庭教师。安妮老师自从见到海伦后，就把自己的爱全部给了海伦，而且从此开始，她陪伴了海伦 50 年，直到她去世。

安妮老师带着海伦接触大自然，她们在田野里奔跑，在河边嬉戏，在草地上打滚。在玩耍的过程中，安妮老师手把手地教海伦英文

字母。但是，由于海伦听不见也看不到，安妮老师很难让海伦理解这些字母组成的单词代表的意思，也就是海伦每天能用手触摸到的东西。安妮老师从没有灰心过，终于有一天，海伦知道了，安妮老师教给她的"d""o""l""l"四个字母加在一起，就是安妮老师送给她的娃娃的意思，而"w""a""t""e""r"这五个字母加在一起，就是水的意思，是她每天喝的水，也是她在河边嬉戏的水。

迈出了这神奇的一步，安妮老师、海伦以及海伦的父母都无比兴奋，这意味着看不见与听不见的海伦能用手语字母学习与人沟通了。从此开始，缤纷的世界向盲聋孩子打开了大门。

假如海伦在学习的过程中遇到的困难是正常人的十倍，那么她对学习求知的热情却是正常人的百倍。在安妮老师的帮助下，她学会了盲文，这可以使她通过盲文书学习更多的知识。她还用手触摸别人的喉咙和嘴唇来学习发音。当她能够清楚地说出"爸爸""妈妈""妹妹"时，全家人激动得流下了热泪。对海伦的父母来说，这简直就是上帝带给他们的奇迹。

后来，海伦进入纽约聋人学校读书，学习数学、自然、法语、德语。很快，她便可以自如地用德语交谈。教法语的教师不懂手语字母，不得不进行口授，即使学习非常困难，海伦还是很快掌握了法语。在纽约学习期间，海伦结识了文学界的许多朋友。马克·吐温为她朗读了自己的精彩短篇小说，他们建立了真挚友谊。

海伦虽是盲聋孩子，但她却要求自己像正常孩子一样生活、学习。她经常鼓励自己："我要努力学习，我要上大学读书！我要去哈佛大学！"这一天终于来了。哈佛大学拉德克利夫女子学院以特殊方式安排她入学考试。她用手指在凸起的盲文上熟练地摸来摸去阅读试卷，然后用打字机打出她的答案。考试一共进行了9个小时，海伦通过了各科的考试，英文和德文还得了优等成绩。海伦真的通过努力实现了自己的理想，进入了梦寐以求的哈佛大学。

海伦就是这样，在安妮老师的帮助下，一步一步走向她一生的辉煌。50多年的相处，她与安妮老师感情非常深厚。海伦的最后一部作品就是《老师》，她把自己对老师的爱全都倾注在这本书里。她为了写好这本书搜集了20年的笔记和信件，可不幸的事情发生了，这些笔记和信件还有已经写好的大部分文稿却都在一场火灾中烧毁，连同它们一起烧掉的还有布莱叶文图书室、各国赠送的精巧工艺礼品。

一般人遇到这样的事大多会心灰意冷，可是无比坚强的海伦没有因此放弃。反而更加坚定了写完这部书的决心，她回到了打字机前，开始了又一次艰难的跋涉。10年之后，海伦完成了书稿。她很欣慰，这本书是献给安妮老师的一份厚礼，老师安妮也为此而感到无比骄傲。

心灵悄悄话

黑暗中的孤独造就了安妮与海伦师生两人的坚强与不屈不挠，而她们所创造的奇迹，不仅仅是感动着和她们一样的身体有残缺的人们，更是感动了全世界。

第六篇　能耐孤独方为豪杰

学会坦然，让心不再孤单

对待生活，要学会坦然置之。这是生活的哲理、做人的学问。真正的坦然是独享寂寞，而又坚守有成；是处事无奇，而又为人有道；是淡泊明志，而又宁静致远。现在的社会，学会坦然面对寂寞并不是一件易事，必须经过心灵的洗礼，一旦看透才能做到真正的心平气和，让心不再孤单。

寂寞有时候是一种情结。它磨不灭，撕不烂，挥不掉，赶不走，是对你依依不舍的朋友。寂寞如飘零的雪花，盘旋于天地，爱恋北方，情系冬季。

坦然地面对寂寞也是一种快乐，是处乱不惊的境界。不要过分地追求自己的辉煌，不要过分地重视自己的地位，你便会过得坦然而自信。没有谁不会遇到寂寞和孤单，没有谁永无不幸和苦难，但只要认真地去承受，付出自己的努力，给别人带来快乐，我们自己就会快乐。

寂寞也很潇洒，比一片冬雪还轻盈，只是目的很单一地行走，管他风冷树摇，管他风乱头发。外表的美丽被黑夜淡忘，唯一拥有的只能是孤独，就在今夜。谁能抓住一片雪的身躯，谁能阻止一片雪的凋亡，谁能亲吻一片雪的温唇？没有人！

寂寞就是一种感受。风、雪、冰，还有寒冷。假若没有寂寞，哪里还能存在一个感性的诗人？寂寞不是对自己的虐待，是一种对心灵的善待。寂寞很轻、很小、很柔，也很美丽，虽无形状，却被世人皆知。寂寞洋洋洒洒，飘飘落落，孤孤单单，带着劲足的酸楚。

寂寞也是一种娱乐。自娱自乐，简单的迷茫。那些喜爱黑夜的人，那些唱着伤感歌曲的人，带着寂寞悄然来到我们的身边。心灵的伤痛很难痊愈，唯一要做的就是不让心灵受伤。恰似寂寞解千愁，杯中酒。

一个阳光灿烂的春日，某人突发奇想地要求去钓鱼。坐在河边，耐心地等待鱼儿的上钩。然而，整整一天鱼儿都没有被他诱惑。傍晚，他沮丧地收拾渔具和空空的鱼篓，垂头丧气去找朋友。这时候见一老人扛着鱼竿，从河那边哼着歌儿走来，如血的夕阳将他的脸染成幸福的红色。望望他的鱼篓，也是空空的，于是他奇怪地问老人：付出一天的等待，寂寞无聊，而且一无所获，怎么还如此快乐呢？老人笑了笑，告诉他说：寂不寂寞不关我事，鱼不咬钩那是鱼的事，我没感觉到孤单啊，而且还钓了一天的快乐。

寂寞更是一种享受。花开的喜悦，结冰的欢呼。独自守着一座老屋，享受一些破败的景象，挥霍一些无奈的时间。原来你——寂寞，也在这里。该等的等不到，该爱的爱不了。一切都已释然。

对曾经没有拥有的美好，我们一直在苦苦地向往与追求。为了享受或拥有，整日忙忙碌碌，乐此不疲，而真正所需所想的，往往要在经历多年后才会明白，甚至穷尽一生也不知所终！而对已经拥有的美好，我们又因为常常不甚珍惜或得而复失的经历而存在一份忐忑与担心。当繁华、烟云过去之后，一切就会又归于平静，这个时候，你对寂寞的把握，那份感怀，就会成为你永远的享受。

学会寂寞，去自由的栖居，须放得下繁华，耐得住寂寞，达到"物而不物"的境界。若是心恋浮华，不舍喧嚣，终不得心灵的安顿。就好比一个人，汲汲于富贵，切切于名禄，桎梏于外物，怎可能出离尘世而追寻幽独？又好比一匹马，被拴上了枷锁车套，只有一味地卖力奔跑，哪有机会停下来思索自己的生命？

自乐

要知道，原来过去一直想急切得到的，不一定就是你我真正拥有的，你所拥有的也不一定就是真正铭刻在心的！继而明白人生在很多时候，需要宁静的坦然和自觉的释怀！

心 灵悄悄话

坦然面对寂寞，就是要固守一份超脱的心境！学会坦然，才有一颗平常心，才会生活美好，才会快乐！

正视孤独，不要深陷其中

有没有这样一种感觉，在无形中似乎有什么东西捆绑住了我们，阻碍我们前进，甚至是举步艰难！其实，当你独自一个人静下心来思考的时候，你就会发现，是自己把自己固定在了某一个框框里，从而捆绑了自己的身体和心灵。要知道，孤独不是别人赐予的，而是自己造就的。

美国散文家兼哲学家大卫·梭罗是一个人独处而无孤独之苦的范例。他独自在瓦尔登湖畔过了一段相当长的时间，在大自然的美丽中写作、思考，无拘无束地享受他的自在之感。他的《瓦尔登湖》至今仍在慰藉着很多读者的心灵。

人更多时候怕的是寂寞。孤独的人心中会有着这种希望："我真希望能成为一个受人欢迎、为人所乐于亲近的人。"只是因为他们自己生性孤僻，缺乏吸引朋友的磁力，所以没有多少人愿意和这样的人交往，使这些人失去了生活上的很多乐趣，这样，他们的愿望最终也无从实现。对任何人，如果能在言谈举止中表现出亲爱与和善，他自身的吸引力就会在不知不觉中大增。在社交上，如果你能走出封闭的孤独，处处表现出爱人与和善的精神，乐于助人，那么就能使自己犹如磁石一般吸引众多朋友。

吸引他人最好的方法是对他人的事情很关心、很感兴趣，但不能做作，必须真诚地关心他人、对他人感兴趣。许多人之所以不能吸引

他人，是因为他们过分专注于自己，心灵与外界隔绝，久而久之，便使自己陷入孤独境地。

某公司的一名职员苦恼着这样一件事：他发现几乎人人都不欢迎他，却不知道是什么原因造成的。即使某天他参加一个公众集会，可人人见了他都唯恐避之不及。所以，当别人互相寒暄谈笑、其乐融融之时，他一个人独处在屋中的一个角落。即使偶然被人家注意，片刻之后，他也依旧孤独地坐在一边，整个人好似失去了吸引力的磁石一样。

这名职员之所以不受欢迎，在他自己看来乃是一个谜。他有很大的才能，又是个勤勉的人，每天工作完毕以后，他也喜欢在同伴中寻求快乐。但他往往只顾到自己的乐趣，常常给人以难堪，所以很多人一看到他就避而远之。但他绝未想到，自己不受欢迎最关键的原因在于他的自我封闭心理。他只想到自己而不顾及他人，竟然一刻也不能把自己的事情搁起来谈谈他人的事情。每当与别人谈话，他总是要把谈话的中心集中在自身或自己的业务上。

一个具有良好德行的人是不会寂寞的，有些人之所以寂寞，是因为他们在心理上不去修桥筑路，反而筑墙将自己围堵起来。

人生是短暂的，活着本来就是一种幸福，如果你总是因为一些不高兴的事情而捆绑自己，怎么会活得幸福呢？每个人都要学会从不同的角度去看待生活中存在的问题。与他人有矛盾时，要站在别人的角度去看问题，你就会更加理解别人，同时，你也会在不知不觉中轻松许多。

没有人知道明天会怎么样，我们所能做的就是认真对待每一天，善待我们爱着、牵挂着的每一个人。其实，重要的是要学会让自己主动一点，面对生活中的每一个烦恼，坦然接受与面对，适时地释放。这样，你的心结很快就会被解开。

有一个年轻人不知道自己怎么了，总是心情不好，一天，他独自一个人出去散心，在路上孤单单地走着，无名的心烦又向他侵来，在孤独中沉思了一会儿，他想，我必须找一个摆脱烦恼的办法。

不知不觉中，他来到了一个小山坡上，他看见一个骑在牛背上吹竹笛的牧童。看到牧童快乐的样子，他就向那牧童请教摆脱烦恼的良方。牧童就叫他一起吹笛、同他一起放牛。年轻人试了一下，觉得心里还是烦。于是，他拜别了牧童，继续往前走。

他又走到了一条小河边，见到一个老翁在垂钓，怡然自得好不自在。他又向老翁请教解脱烦恼的方法。那老翁让他一起钓鱼来解除烦恼，年轻人又试了试，仍然觉得没有什么效果。于是，又离开了老翁。

他继续往前走着，在一个树荫下看到一位老人在独自下棋，老人一看就知道这年轻人肯定有心事，就对年轻人说，对面山中有一位智慧老人，你有什么烦恼，他都会给你解决的。于是，年轻人离开了下棋的老人，向对面的山上走去。

山真高啊，年轻人走了很长时间才见到智慧老人，他对智慧老人说明了自己的来意。智慧老人听后，没有直接回答他的问题，只是问他一句："年轻人，有谁捆住了你的手脚吗？"年轻人听后，觉得智慧老人问的这个问题很奇怪，便回答："没有啊。"智慧老人笑了，说道："既然没有人捆绑你，你又何须寻求什么解脱呢？"年轻人听了智慧老人的话后恍然大悟："原来是我自己捆绑了自己，我的烦恼原来是我自找的，哎，我真愚蠢呀！"

说完，他拜别了智慧老人，独自一个人下山去了，回去的路上，他的心情舒畅多了。

在孤独的时候，总会想到人的一生总有起起落落，也总会有许多难以预料的事情，难道这些都可假装看不见吗？事实上，不捆绑自

己，并不是说对一些现实的问题视而不见，而是要懂得去正视，才能够通过生活的表象看到本质上美好的东西。而只要想清楚了，明白了人生的规律，你就会发现原来生活可以很美好。

心灵悄悄话

生活就是这样，它给了我们经历，教会了我们如何去更好地生活，也告诉了我们应该怎样去看待人生的一点一滴。不过，千万不要被孤独所吞噬，我们所能做的就是战胜它，耐住性子！

忍耐孤独，化寂寞为力量

可以说人生有三种寂寞：一是终日惶惶不安，没有头绪，做任何事情都没有心思，一心想要逃出寂寞；二是渐渐习惯周身的寂寞，安下心来，建立起生活的条理，用读书等事务来驱逐寂寞；三是寂寞本身成为一片诗意的土壤，化寂寞为力量，驱逐寂寞让人生不再难过。

人的一生会经历各种各样的艰难困苦，这些人生的必然经历可大可小。有看得见的为钱而愁，有看不见的孤苦难熬。不管是达官显贵还是普通平民，都有孤独寂寞的时候。有人会被孤寂缠绕一生，郁郁寡欢而至老死；有人会驱除寂寞，让人生从此不难过。驱除寂寞最大的法宝大概就要数享受寂寞了。

美国著名心理学家马斯洛对人有种评判，他说在人群中有10%的人属于自我实现者，他们是最富有创造性、最有社会贡献力的人，他们有独处的需要，他们能把人生的寂寞驱逐出去，化寂寞为力量。在人生寂寞的时候，也是他们自省、深谋远虑以及富有创造性的时候。所以，能够忍受独处而驱逐寂寞的人，一定是个心理很成熟的人。

很久以前，有个年轻英俊的国王，他不但拥有至高无上的权力，而且很富有，因为整个国家都是他的。但他却一直不开心，总感觉自己很孤单，因为他弄不明白两个问题：一是，我一生中最重要的时光是什么时候呢？二是，我一生中最重要的人是谁？

国王对全世界的哲学家宣布，只要能圆满地回答出这两个问题的人将会分享他的财富。哲学家们从世界各个角落赶来了，但他们的答

案却没有一个能让国王满意。

这时有人告诉国王，在很远的山里住着一位非常有智慧的老人。这位老人或许知道国王要找的答案。于是国王就出发去找那个智者。

国王到达那个智慧老人居住的山脚下，然后把自己装扮成一个农民。国王来到智慧老人住的简陋的小屋前，看见老人盘腿坐在地上，好像在挖着什么。

"听说你是个智慧的人，能回答世人所有的问题，是吗?"他向老人说，"那么你能告诉我谁是我生命中最重要的人吗? 我的人生何时是最重要的时刻呢?"

"帮我挖点土豆，"老人说，"然后把它们拿到河边去洗干净。我去烧些水，之后你可以和我一起喝一点汤。"国王以为这是智慧老人对他的考验，于是就照他说的去做了。他和老人一起待了几天，希望老人能够回答他的问题，但是老人什么话都没有说。

过了几天，国王生气了，因为智慧老人没有回答他的任何问题，还浪费了他宝贵的时间。于是，他拿出自己的国王印玺，表明了自己的身份，然后宣布老人是个骗子。

老人说："我们第一天相遇的时候，我就回答了你的问题，但你没明白我的意思。"

"你的意思是什么呢?"国王问。

"你来的时候我向你表示欢迎，让你住在我家里，"老人接着说，"要知道过去的已经过去，将来的还未来临——你生命中最重要的时刻就是现在。你生命中最重要的人就是现在和你待在一起的人。因为正是他和你分享并体验着生活的快乐! 你的人生不是孤立的，是有人陪着的，哪怕你感觉到孤独的时候也是有人陪着的，那个人就是你自己。只要懂得享受你现在所拥有的一切你就是幸福的，哪怕那是你看不见的孤独和寂寞，对你而言都是幸福的，是一种享受!"老人说完继续忙自己的事情。

人生最难得的不是拥有，而是享受！一国之王拥有至高无上的权力却是寂寞的，因为他是不懂得驱逐寂寞，不懂得享受寂寞的人，所以他的人生一直在追寻，在思索。只有懂得驱逐寂寞的人，人生才不会那么难过。孔子曾经说过："视其所以，观其所由，察其所安。"所谓的"安"就是心安理得、心绪宁静。宁静是一种厚积薄发的蓄势，是一种人格修养。"非淡薄无以明志，非宁静无以致远。"一个人只有坦然地对待内心的孤寂，把它作为一种生活的享受，人生才会闪现异样的光芒。

在《鲁滨孙漂流记》中，主人公最初是很孤独的，但后来他接纳了孤独，适应了荒岛的生活，把心里的孤独驱逐出去，开始了新的生活，成了荒岛的主人。人们面对孤独时是战胜孤独，还是被孤独所战胜，就要看人们怎么把握它。

没有寂寞的人生是有遗憾的人生，而能够驱逐寂寞的人生才是圆满的人生。人在寂寞的时候是要学会和寂寞相处的，辛弃疾曾经有词曰："笑我庐，门掩草，径生苔。"这足以可见他当时身处的环境是何等的孤独寂寞。就是在这样的环境里，他读书写作，潜心创作，以此驱逐内心的寂寞，令生活过得饶有情趣。请耐住寂寞，然后将寂寞化为走向成功的力量吧！

心灵悄悄话

　　能够最终获得成功的人，一定是那些身处繁华之中，却依旧可以忍得住寂寞的人，他们会将寂寞化为成功的动力！

第六篇　能耐孤独方为豪杰

成功者都有一段无人喝彩的人生

　　人生的赛场上大多是以众人的喝彩开始的，亲人在身后关注，朋友在两旁助威，人大多是在亲朋好友的赞美与喝彩中成长起来的。但人生是不断向前的，前行就意味着会走出亲人关注的视野、朋友关怀的目光，然后经受孤独和痛苦的煎熬。甚至，人生刚刚蹒跚前行的时候就有诽谤和嘲讽。人们该如何去面对这些，又将如何去默然坚守呢？

　　沙滩能让汹涌澎湃而来的海浪心平气和地退去，并且留下美丽的贝壳，可想而知沙滩的胸襟是何其坦然，何等博大。那些只习惯于被鲜花簇拥的春天般的生命，又将如何度过群芳凋零的冬天呢？用人生的孤独和痛苦去检验生命的弹性，能让人更加真切地感受生命的硬度，体会精神的韧性。生命是在人生的承受和忍耐中度过的，而不是在他人的喝彩中前行的。

　　一个年仅14岁的女孩家境贫寒，迫于生计不得不辍学谋生，为了生活在社会上到处奔波。至此，她的生命之树开始了落叶般的日子。

　　她像成人那样拼命地挣钱，曾因计较几毛钱被众人嘲笑；进货的路上，她发高烧晕倒在路旁，没人理睬；男友在她最需要帮助的时候拂袖而去，离开了她。只有上天知道，那段无人喝彩的日子她是怎么熬过来的。

　　现在的她褪去了青春稚嫩的颜色，被岁月打磨得成熟而稳重。如

今的她，事业有成，被成功的光环环绕着。但是只有她自己知道，是那段无人喝彩的日子成就了她如今的刚强和耀眼的风采。

其实，对生命而言，能否赢得别人的喝彩并不重要。由衷的喝彩对自卑和脆弱的人来说是一种无形的巨大力量，是一根能支撑前行的手杖。但是在这个浮躁的时代，许多喝彩更多地成了随意的问候或是礼节性的安慰，甚至是许多人为达到一定目的的谄媚和精神贿赂。如此廉价的掌声和虚伪的喝彩只会让人陶醉在虚无的泡沫中，放慢了前行的脚步。

在一个遥远而偏僻的山谷里，有一个高达数千尺的断崖。不知道什么时候，断崖边上长出了一株小小的百合。百合刚刚诞生的时候和其他杂草没有任何区别，但是它自己知道，它是一株百合而不是一棵草，它告诉自己："我一定要开出美丽的花！"

百合努力地汲取阳光和雨露，不放过任何一个成长的机会，终于在一天的早晨结出了第一个花苞。这时附近的杂草开始了对百合的嘲讽，说它的花苞只是脑袋上的一个瘤，说它是在做梦……就连偶尔飞过的蜂蝶也会劝它不要那么努力地开花，因为即使再美丽的花也是没有人欣赏的。百合不说话，它坚信它的使命，那就是开出花来，证明自己，不管有没有人欣赏。

就这样，过了一年、两年、三年……山谷、草原和悬崖边上到处都开满了美丽的百合。远在百里之外的人也纷纷赶来欣赏百合花。人们被百合的精神所感动了，他们用百合花去教育孩子，在那里许下了百年好合的愿望。那个地方被人们称为"百合谷地"。

人迹罕至的山谷，百合执着而努力地开花，没有人看见，没有人欣赏，也没有人喝彩。它的纯洁、美丽、芳香，只属于清风和白云。即使是如此寂寞地盛开，它也从未放弃。它耐住了人生中最寂寞的时候，耀眼地绽放，闪耀着永久的光辉。

自乐

古语说："君子慎其独也。"就是说：人在独处的时候也不要放弃修炼自己，不放弃努力。如果能在人前盛开固然很好，那就要珍惜这难得的机会。如果没有在人前绽放的机会，也不要消沉，也要认真地盛开。自己应该坚信，自身拥有的芬芳和美丽是别人无法取代的，就像山谷里的百合一样，在无人喝彩的岁月里依旧绽放自己的风采。

黎明不是因为鸡鸣而到来，鲜花不是因为赞美才芬芳，人生更不会因为众人的喝彩才耀眼。无人喝彩的人生，需要依然昂扬阔步地迈向前方；没有掌声的世界，一样需要虔诚地歌唱。只要心中充满爱，充满了对美好生活的希望和渴求，就不会太在意跋涉途中是否有花香满径，是否有掌声雷鸣。

心灵悄悄话

无人喝彩的人生就似没有花香的小径，只是看起来就让人感到孤独、暗淡。但是对成功而言，无人喝彩的人生却是必须经历的。

第七篇 >>>

快乐源于内心的淡定

尘世充满苦与乐,在沉重的打击面前,我们要泰然处之,需要有处事不惊的乐观心态,这样就能战胜沮丧,化坎坷崎岖为康庄大道。

一帆风顺的人生不值得让人回味,只有经历风雨、战胜坎坷才让人骄傲与自豪,那份快乐是安逸生活中的人无法体会的。

你可能一时丢掉了原本属于你的东西,或是错过了一次机会,但是,在精神上绝不能失望。冷静而达观,愉快而坦然,是成功的催化剂,是另辟蹊径、迎接胜利的法宝。

泰然处世，处变不惊

人生在世，得意也罢，失意也罢，要泰然地面对生活的苦与乐。假如生活给我们的只是一次又一次的苦难，也没什么，因为那只是命运剥夺了我们活得高贵的权利，但并没有夺走我们活得快乐和自由的权利。

因为生活中是没有旁观者的，每个人都有一个属于自己的位置，每个人也都能找到一种属于自己的精彩。泰然，会让我们的生活美丽而快乐！

有一个英国小伙子，他平时天生乐观开朗，整天总是一张乐呵呵的笑脸。但是他从来不求神拜佛，他的这一点令神很不开心。于是，神做出一个决定，那就是要在这个人死后好好地惩罚他一下。

当这个人死后，神终于等来了惩罚他的机会。于是神将他关在一个又冷又暗的小房子里。过了一周神去看他时发现他居然依旧笑得非常开心。神对此疑惑不解，问道："在这样寒冷的房子里一待就是七天，你难道一点都没有怨言吗？"

小伙子说："我有什么好抱怨的呢？这么冷的地方，让我想起圣诞节，每当这个时候就该放假了，而且能和朋友们聚会，能够收到很多礼物，这是多么令人开心的事啊！"

神听后觉得自己并没有达到目的，心中很不高兴。于是，神又把小伙子关到一个很热的房子里。过了一周，神并没有看见小伙子变得神情悲伤，他仍然是惬意无比。神简直不敢相信，于是又问："你被

关在这么热的房子里待了一周，竟然还能够笑得出来？"

小伙子答道："我有什么不开心的呢？这样的天气让我想到了在公园里晒太阳，多美好的一件事啊！"

神仍然不死心，就把他关在一间阴暗又潮湿的小房子里。又是很长一段时间，神来看他，发现他还是很高兴，并且比以往更兴奋。神非常不解，坚决地对他说道："如果这次你能给我一个合理的理由，从此以后，我将不再为难你，会给你自由。"

小伙子很轻松地说："就是在这样一个阴暗潮湿的天气里，我最喜欢的一支足球队，以很大的比分赢得了一场空前的胜利。这让我激动不已、兴奋异常，以后我每每在这种天气时，都非常兴奋。"

神终于被这个快乐的人感动了，于是他把自由还给了小伙子。

不管在哪种环境中，小伙子总是记住快乐的事情，对自己的不幸看得很淡。古往今来，雁过留声。你我都是凡夫俗子，面对尘世的多姿、世界的多彩，很多人都会为之怦然心动，真正做到淡然对之的又有几人？

遇事不要大喜大悲，那样会使我们失去冷静。要以一种泰然处之的心态去面对世事。生活是我们的向导，它能把我们从痛苦中引领出来。在沉重的打击面前，需要有处乱不惊的乐观心态，冷静而乐观，愉快而泰然，在生活的舞台上，要学会对痛苦微笑，要泰然面对苦难与不幸。

1914年12月的一天晚上，爱迪生所在的新泽西州某市的一家工厂失火，将近100万元的设备和大部分研究成果被烧得精光。第二天，这位67岁的发明家在他的希望和理想化为灰烬之后，来到现场。大家都用同情和怜悯的眼光看着他，而他却镇定自若地对众人说："灾难也有好处，它把我们所有的错误都烧光了，现在可以重新开始。"正是这种超凡脱俗的乐观心态，使这位大发明家在事业上步步迈向成功。

量子理论之父马克斯·普朗克是19世纪末20世纪前半期德国理论物理学界的权威，在科学界颇有威望，于1918年获诺贝尔物理学奖。

然而，普朗克的一生并不是一帆风顺的。中年的时候妻子逝世；在第一次世界大战期间，他的长子卡尔在法国负伤而亡；他的两个孪生女儿也都在生孩子后不久相继去世。

对于这些突来的不幸，普朗克在写信给侄女时说："我们没有权利只得到生活给我们的所有好事，不幸是自然状态……生命的价值是由人们的生活方式来决定的。所以人们一而再、再而三地回到他们的职责上，去工作，去向最亲爱的人表明他们的爱。这爱就像他们自己所愿意体验到的那么多。"

对于自己遭遇的一个又一个的不幸，普朗克都能正确地对待，他没有被这些不幸击倒，也始终没有忘记自己人生的意义。

第二次世界大战中，不幸的遭遇又一次降临到普朗克的头上。他的住宅因飞机轰炸而焚毁，他的全部藏书、手稿和几十年的日记，全部化为灰烬。为了逃避空袭，他只好暂寄在一位朋友的庄园里。对于失去家园、财产，他泰然处之。他写道："在罗格茨的生活还不算坏。"因为他还可以工作，他已经准备好了他想要进行的关于伪科学问题的新讲演。

1944年末，他的次子被认定有密谋暗杀希特勒的"罪行"而被警察逮捕。普朗克虽采取了多方的求助，却没有任何效果。

普朗克在后来给侄女、侄儿的信中说："他是我生命中宝贵的一部分。他是我的阳光，我的骄傲，我的希望。没有言辞能描述我因他而蒙受的损失。"他在另一封信中说："我要竭尽全力让理智的工作来填补我未来的生活。"

普朗克面对如此巨大的悲痛，仍然以泰然的心态处之，实在让人

敬佩。事实证明，他赢得了世人的尊重。如果我们的心灵不断得到坚忍、顽强、刻苦、质朴之泉的灌溉，那么不论我们一贫如洗还是位卑如蚁，都可以求得平和之心态。

任何事情都有它的两面性。成就能给你带来快乐，也可以给你带来烦恼。不要过分地去追求，也不要过分地重视自己的地位，你便会过得泰然而自信。

一个人的坦然与泰然，是一种生存的智慧，是一种生活的艺术，是看透了社会人生以后所获得的那份从容、自然和超然。

一个人要能自在自如地生活，心中就需要多一份坦然。笑对人生的人比起在曲折面前悲悲戚戚的人，更能得到成功的垂青。

马克·吐温被评论家们称羡为美国最爱开玩笑的人，他也是美国最伟大的哲学家之一。他从小就已经接触到生活的种种悲剧：他的两个哥哥和一个姐姐，在他年少时相继死去；他的 4 个孩子，在他还活在人世的时候，也都一个个先他而去。他饱尝了生活的苦楚艰辛，可他坚信，如果用欢笑作为止痛剂来减轻苦痛，也能够得到乐趣。所以，我们可以适当地使自己处于超然的地位，来观赏自身痛苦的情景。

孔子说"朝闻道，夕死可矣"，诸葛亮说"鞠躬尽瘁，死而后已"，而文天祥说"人生自古谁无死，留取丹心照汗青"，这些话所表现出的大无畏精神，震撼着千百年来的人们，使人们在崇敬他们高尚人格的同时，更加钦佩他们的洒脱与淡定。

只有已经彻悟人生的人，才能做到"不乱性、不动心"。历来不少志士都拥有这般豁达胸襟，生死在他们眼里不过是很自然的事情，面对死亡他们从来都是从容以对。

汉代将军李广与百余名骑兵出行时，远远望见前方有数千名匈奴骑兵。匈奴骑兵认为他们是在使诱兵之计，惊慌之中跑到山上列好了阵势。李广的百余名骑兵都很害怕，想要驱马返回。

李广说："我们距离大部队有很远的路程，眼前的形势是敌众我寡，如果我们这一百人马往回赶，匈奴兵追着用箭射击，我们就会马上死光。现在我们停下来不走，匈奴兵一定以为我们是大部队的先遣队，因而不敢轻举妄动。"于是他命令骑兵："向前进发！"等他们来到距匈奴阵地约两里的地方又下令停下来，说，"全部下马，卸下马鞍！"

"我们距离敌人这么近，而且他们人数又那么多，万一发生紧急情况怎么办？"部下有些担心地问。

李广说："那是敌人以为我们要退却，现在我们解除鞍具表示不退却。"

于是匈奴骑兵就不敢进攻了。有个匈奴将领骑着白马出阵探查情况。李广上马与十几个骑兵边驰边射，将那个骑白马的匈奴将领射死了，之后又回到自己的骑兵队伍当中，解下马鞍，让士兵们随意卧倒。天色已到了黄昏时分，匈奴兵对他们的举动感到很奇怪，不敢进攻。半夜里，怀疑汉朝军队有埋伏，要趁夜色袭击他们，就都撤退了。天亮以后，李广才带人回到大部队。

李广不愧为世人敬仰的"飞将军"，正是他临危不惧的大将风度，保卫了边疆和国家的安宁。在突发情况下，镇定面对，不仅能保全自己，更能让他人化险为夷。

保国公朱永和咸宁伯王越带领一千人巡守边境，敌人突然出现，双方力量相差太大。朱永想赶快撤回，王越阻止了他，他下令摆开了阵势，先把阵脚稳住。敌人对此产生了怀疑，不敢向前。傍晚，命令骑兵们下马，口中衔上竹片，鱼贯而行，不得回头，王越则亲率英勇的兵士在后面掩护。这样从山后疾行 50 里抵达城里，敌人没有发觉。

第二天，王越才对朱永说："当时要是我们稍有动弹，敌人就会从后面追杀过来，这样我们的性命就不保了。组成阵列，是为了不显

出紧张的样子来迷惑敌人的。排队鱼贯而行，又下了马，行军才不会发出响声，所以敌人不会发现。"

沉着冷静地应对突如其来的危机，处变不惊，是一种生存的智慧和能力。只有冷静，才能在气势上给对方造成震慑的力量，也为自己赢得解困的机会。有些人一旦碰到不利于自己的事情就惊慌失措，乱了阵脚，这是不明智的。所以，在平时我们应该着力培养笑对风云变幻的心态，以便在风雨突然来临时能泰然处之。

飞行员李剑英驾驶战机执行空中巡逻游猎飞行任务，突然遇到鸽群撞击导致发动机停车！在重大险情面前，李剑英沉着冷静、勇敢地操纵驾驶杆，以良好的心理素质驾驶着那匹不听使唤的"野马"，为挽救国家人民群众的生命财产做着最后的努力。

空中一瞬间，事关生和死。如何面对和处置险情，是一个战斗机飞行员经常要面临的心理素质考验。李剑英之所以能在关键时刻过得硬，源于他平时从容不迫、临危不惧的心理品质。李剑英的壮举再次说明：险情面前不畏惧，始终保持从容不迫的心理品质，是飞行员必须具备的。

一次次险情练就了他的一身虎胆。刚改装歼击某型飞机时，按计划飞复杂特技课目。起飞后，他驾机朝着预定空域飞去。大约过了15分钟，飞"斤斗顶点"动作时，突然发现发动机仪表指示转速、喷气温度减小，飞机速度减小。李剑英当时就判断发动机空中停车。

发动机空中停车，将带来什么样的严重后果，李剑英心里十分明白。此时，他格外沉着、冷静，在保持好状态的同时，当即向指挥员报告。左手紧握住油门杆，收到慢车位置，创造空中开车条件。然后，把飞机改为正飞状态，检查高度、速度和发动机仪表指示，在符合空中开车条件的状态下，按空中开车手续进行开车：接通空中点火电门，按下秒表计时，观察发动机仪表转速、温度和滑油压力的指示是否上升。一秒……一秒……喷气温度、转速指示上升，开车成功了。从判断到重新启动，他只用了一分钟的时间。成功启动的喜悦来不及仔细体味，他就下降飞机高度，朝着返回的航路安全行驶。

人的一生有太多的羁绊，尚未到生命的尽头，何不潇洒走一回？古人所留下的嘉言懿行足可取法，也启发我们要从平时的修养中建立正确的人生观。天地间万事万物在达到极致之后，往往接着就要走下坡，所以俗话说"花无百日红，人无千日好"，《周易》也提出了"日中则昃，月盈则亏"的道理。由此来看，盛极而衰似乎是必然之结果。然而，另有"否极泰来"的说法，意谓在经历一切厄运之后，好运便会随之而来。重要的是处乱不惊的修养要早日炼成，从而临危不惧。

有人说，人生需要折磨，没有折磨的人生不是真正的人生！真正的人生是由一支支时而高亢、时而低沉的曲子谱写而成的乐章，而一个处变不惊的人持有的是一个沉稳有力的指挥棒，他活出的人生里没有不幸的际遇，只有动人的音乐。一个处变不惊的人宛如一棵千年苍松，经得起寒风凛冽，在白雪漫漫中，仍然面不改色，身着朴实无华的一身绿装，折磨带给他的除了痛苦和磨难，还有永生。处变不惊的人更如寒冬中的腊梅，在纯白、晶莹的雪的衬托下，显得如此冷艳，成就了"墙角数支梅，凌寒独自开，遥知不是雪，为有暗香来"的诗篇。这就是处变不惊，是一种精神力量的升华。处变不惊就是当人在遇到一些突如其来的人生困境和苦难的时候，在情绪和行为上保持冷静，以积极的心态和清醒的头脑去思考解决之道的一种人生境界。年轻人要学会在折磨面前处变不惊，那么任何的不幸都是大幸。

人生的路上会遇到很多这样突然而来的灾祸与不幸，只要处变不惊，只要不把那些想法强加在自己身上，就会走得稳、走得直！面对这些，年轻人也要学会处变不惊，你还是你，不必因为那些折磨而改变自己，走好自己的人生路，不要被那些身外事羁绊和左右，这样，

自乐

才会走出属于自己的别样的人生！年轻人要心若幽兰，静如止水，找好自己的理想，一心一意为目标奋斗。排除干扰和任何的杂念，这就是一种处变不惊，即使风霜里依旧傲然挺立，即使困难重重也不颓废退缩，假以时日，年轻人一定会硕果累累！

心灵悄悄话

一个人只要泰然面对生活中的一切，他就会真正体会到做人的快乐。善于享受生活中的瞬间，勇于捕捉生命中感人的镜头。留心处处皆学问，只要留意观察周围身边的小事，就会放下肩上所背负的重担，享受紧张之后的轻松，体会做人的快乐。

淡泊明志，宁静致远

《鬼谷子》中说："安徐正静，其被节先肉。善与而不静，虚心平意以待倾损。右主位。"其中的意思是，作为君主，应始终保持安详、从容、正派、冷静，对人怀柔而有度。应善于让利于人，与世无争，并始终充满危机感。以上说的是君主摆正自己位置的原则。

统治者若贪得无厌、目光短浅，对民众只是一味地掠夺和剥削，民众就会起而反抗，甚至爆发起义。隋文帝杨坚深深懂得这个道理，所以当他建立隋朝后，一面躬行俭朴，一面采取了许多有利于巩固政权的措施，与民休息，给民以惠。文帝的这些做法使社会风气得到了净化，民众的负担减轻，新建的隋王朝迅速得到了民众的拥护，很快就稳定了下来。

但是，隋炀帝杨广继承皇位后，荒淫奢华，急功近利，残酷猜忌，先后三征高丽、开凿运河、赋税繁苛，百姓怨声载道。隋炀帝为一己享受，以天下民众为己私有，对其横征暴敛，使民众不得不起来反抗他的统治，最终导致了隋朝的灭亡。

权力能给人带来诸多好处，但它最让人神往之处，莫过于它给予人的那份被众人拥捧的感受。人多爱慕虚荣，当条件适合时，这种劣根性往往就会暴露无遗。

秦朝农民起义领袖陈胜年轻时是个雇佣丁，经常和伙伴们一起给别人家锄地。他经常对朋友们说："苟富贵，勿相忘。"但陈胜得富贵后，就开始骄横起来，逐渐丢掉了谦逊的品格。

自乐

一个曾经和陈胜一起给地主种田的同乡听说他做了王，特意从登封阳城老家来找他，敲了半天门也没人理会。直到其在陈胜外出时拦路呼喊其小名，才被召见，一起乘车回宫。因是陈胜的故友，所以进进出出比较随便，有时也不免讲讲陈胜在家乡的一些旧事。

不久有人对陈胜说："客愚无知，颛妄言，轻威。"陈胜便十分羞恼，竟然把"妄言"的伙伴杀了，当年所说的"苟富贵，勿相忘"的话，早抛到了九霄云外。

自此以后，"诸陈王故人皆自引去，由是无亲王者"。最后，陈胜失败被杀。

"兵圣"孙武在初任吴国将领之际，看到吴王因想称霸而急于起兵，大夫伍子胥想报杀父之仇而急于战事，沉痛地说："战争若感情用事则无法取胜，战争的终极目的乃在求胜，故急于无胜之战，犹如负干草入火一般自取灭亡。目前对战争之准备未尽周全，敌情也无法掌握，若只因私欲而战，岂可得胜？昔人有言'逐鹿者，迷于山'，若现在用兵，岂不犯下极愚蠢的错误？"吴王阖闾接受了孙武的意见，伍子胥也打消了急于伐楚的念头。后来，正是孙武率领吴军攻破楚国的国都。吴王采纳孙武的正确建议，使吴国避免了一次鲁莽的战争。

以上事例告诉我们，对待属下要心平气和，且应学会仔细分辨，不要因为自己的权势就置属下的意见于不顾，闹得自己最后身败名裂，无处安身。心平气和才能分辨好坏，做出对自己有利的选择。

任何人做事都不可能面面俱到。尤其是当今时代，各种信息充斥在我们的周围。一个人不可能掌握所有的东西，那么在决策的时候就难免会出现考虑不周全甚至错误的地方。这个时候，学会从别人那里借用智慧、听取不同的意见就显得十分重要了。

某公司调来一位新主管，人还没到，就有传言说新来的主管是个能人，专门被派来整顿业务。很快新主管开始上班了，但是随着日子

一天天过去，新主管却并没有什么惊人的表现，反而却毫无作为——每天彬彬有礼地跟大家打招呼，一进办公室便躲在里面一天都难得出门。那些本来紧张得要死的捣乱员工，发现新主管这么窝囊反而更猖獗了。

很快三个月过去，就在大家都觉得新主管不过如此而感到失望时，新主管却发威了，突然对那些捣乱员工进行整顿，优秀员工则获得嘉奖，他的下手之快和断事之准，与他这三个月里的表现判若两人。到了年终聚餐时，新主管在酒过三巡之后致辞说道："相信大家对我新到任期间的表现和后来的大刀阔斧一定感到不解，现在听我说个故事，各位就明白了。

"我有位朋友，买了栋带着大院的房子，他一搬进去，就将那院子全面整顿，杂草树一律清除，改种自己新买的花卉，某日原先的屋主来访，进门大吃一惊地问：'那最名贵的牡丹哪里去了？'我这位朋友才发现，他竟然把牡丹当草给铲了。

"后来他又买了一栋房子，虽然院子更是杂乱，他却按兵不动，果然，冬天以为是杂树的植物，春天里开了繁花；春天以为是野草的，夏天里成了锦簇；半年都没有动静的小树，秋天居然红了叶。直到暮秋，他才真正认清哪些是无用的植物，而大力铲除，并使所有珍贵的草木得以保存。"

说到这儿，主管举起杯来说道："让我敬在座的每一位，因为如果这办公室是个花园，你们就都是其间的珍木，珍木不可能一年到头开花结果，只有经过长期的观察才认得出啊！"

这个主管从朋友处理房子杂草的问题上得到了启发，那就是遇事先冷静观察和思考，了解了情况以后理清思路，然后再有条不紊地行动。他将这种处事原则用在了人事管理的工作上，取得了很不错的成功。

心灵悄悄话

遇到纷争，心平气和地去了解，然后做出正确有力的决定，既能处理好人与人之间的关系，也能体现出你做事的大气风格，这不仅能使你得到众人的拥戴，更能让人各尽所能，从而使你的事业更加稳固，再添辉煌。

争是不争

从表面上看，"不争"的性格似乎有悖进化规律，然而背后却有更深层的道理。"争与不争"的辩证法，透露着一个信息：不争而争、无为无不为、不争而善胜，乃是人类社会进化的公理。

所谓"不争而争"，并不是说什么也不争，而是弃其小者，争其大者；弃其近者，争其远者。所以，不争是相对的，争则是绝对的。所谓"不争"，是指小处不争，小名不争，小利不争；倘若是大处、大名、大利也许就另当别论了。

康熙十四年（1675年），清朝在全国的统治很不稳定，康熙为巩固清朝政权，安定人心，改变清朝不立储君的习惯，把他的第二个儿子胤礽立为皇太子。

作为皇太子的胤礽，为保住自己的地位，他希望康熙帝能早日归天，自己尽快登上皇帝的宝座。为此，他与正黄旗侍卫内大臣索额图结成党羽，进行了抢班夺权的种种活动。这些都被康熙帝发现，康熙下旨杀了索额图。没想到胤礽更加猖狂，不得已，康熙于康熙四十七年（1708年）九月，废除胤礽的皇太子头衔。

皇子们见太子已废，争夺皇储的斗争更加激烈。他们通过各种渠道探听康熙的意图，打发皇亲国戚到康熙面前为自己评功摆好，搞得康熙"昼夜戒慎不宁"。没有办法，康熙在废掉太子后的第二年三月又复立胤礽为皇太子，好让诸皇子死了争夺太子的野心。

在皇太子废立过程中，诸皇子们使出浑身解数，最成功的是皇四

子胤禛。在诸皇子的明争暗斗中，胤禛采用的是不争而争之策。

皇太子被废之后，胤禛没像其他众皇子一样，落井下石，而是采取维持旧太子地位的态度，对胤礽表示关切，仗义直陈，努力疏通皇帝和废太子的感情。他明白康熙希望他们情同手足，不愿意看到皇子们反目成仇。

对康熙的身体，胤禛也最为关心体贴。康熙因胤礽不争气和皇子们争夺储位，一怒之下生了重病。只有胤禛和胤祉二人前来力劝康熙就医，又请求由他们来择医护理。此举也深得康熙的好感。

诸皇子中夺位最有实力的是胤禩。胤禛同胤禩也保持着某种联系，其实他心里不愿意胤禩得势，但行动上绝不表现出来，表面上看若是胤禩当太子了，他既不反对也不支持，让人感觉他置身事外一般。

对其他皇子，胤禛也在康熙面前多说好话，或在需要时给予支持，康熙评价他是"为诸阿哥陈奏之事甚多"。当胤禧、胤禟、胤祠被封为贝子时，胤禛启奏道，都是亲兄弟，他们爵位低，愿意降低自己世爵，以提高他们，使兄弟们的地位相当。

在众皇子为争夺皇太子之位闹得不可开交时，胤禛却似乎悠闲于局外，没有明火执仗地参与其中，还替众兄弟仗义执言，这些都被康熙看在眼中，特传谕旨表彰：

在以前拘禁胤礽时，并无一人为之陈奏，唯四阿哥性量过人，深知大义，屡在朕前为胤礽保奏，似此居心行事，真是伟人。

胤禛在这场诸皇子争夺皇太子之争中，不显山、不露水，以不争之争的斗争策略取得了成功。一方面胤禛赢得了康熙的信任，抬高了自己的地位，密切了和康熙的私人感情。康熙一高兴，把离畅春园很近的园苑赐给了胤禛，这就是后世享有盛名的圆明园，康熙秋猎热河，建避暑山庄，将其近侧的狮子园也赏给胤禛。

另一方面，胤禛使其他皇子们认为自己实力不够，对他不以为意，不集中力量对付他，使他有机会发展自己的势力。

结果，康熙在病重之际，把权力交给了胤禛，胤禛后来居上，脱颖而出，成为雍正皇帝。

"争"，需要对手；而"不争"，是想别人没想过的问题，做别人没做过的事情。"善胜敌者，不争。"不争最终是为了更好地去争，不是和对手争，而是和自己争，和自己争就是要战胜自我。这样做的天之道，在于以"不争"泯绝那些形名之争，而得潜在的大势态，"故天下莫能与之争"。

心灵悄悄话

曲则全，枉则直，洼则盈，敝则新，少则得，多则惑。是以圣人抱一为天下式。不自见，故明；不自是，故彰；不自伐，故有功；不自矜故长；夫唯不争，故天下莫能与之争。古之所谓"曲则全"者，岂虚言哉！诚全而归之。

——《老子·二十二章》

第七篇 快乐源于内心的淡定

十一本快乐的羊皮卷

许多年前，有一个名叫海菲的人。他恳求老板改变他地位低下的生活，因为他爱上了一位美丽的姑娘，而姑娘的父亲却富有而势利。

不想他的恳求获得了老板——大名鼎鼎的皮货商人柏萨罗的恩准。为了验证他的潜力，柏萨罗派他到一个名叫伯利恒的小镇去卖一件袍子。然而，他却失败了，因为出于一时的怜悯，他把袍子送给了客栈附近一个需要取暖的新生儿。

海菲满是羞愧地回到皮货商那里，但有一颗明星却一直在他头顶上方闪烁。柏萨罗将这种现象解释为上帝的启示，于是，他给了海菲十道羊皮卷，那里面记载着震撼古今的商业大秘密，有实现男人所有抱负所必需的智慧。

海菲怀揣着这十道羊皮卷，带着老板给他的一笔本金，走向远方，正式开始了他独立谋生的推销生涯。

若干年后，这个海菲成了一名富有的商人，并娶回了自己心爱的姑娘。他的成就在继续扩大，不久，一个浩大的商业王国在古阿拉伯半岛崛起……

熟悉以上这段文字的人都明白，这是一部奇书的故事梗概，它的名字叫《世界上最伟大的推销员》。

作者奥格·曼狄诺，出生于美国东部的一个平民家庭。28 岁时他读完了学校课程，有了工作，并娶了妻子。但是后来，由于自己的盲目冲动，他犯了一系列不可饶恕的错误，最终失去了自己一切宝贵的东西——家庭、房子和工作，几乎一贫如洗。于是，他开始到处流浪，寻找自己、寻找赖以度日的种种答案。

两年后，他认识了一位受人尊敬的牧师，解答了他提出的许多困扰人生的问题。临走的时候，牧师送给他一部《圣经》。此外，还有一份书单，上面列着11本书的书名。它们是——《最伟大的力量》《钻石宝地》《思考的人》《向你挑战》《本杰明·富兰克林自传》《获取成功的精神因素》《思考致富》《从失败到成功的销售经验》《神奇的情感力量》《爱的能力》《信仰的力量》。

从这一天开始，奥格·曼狄诺就依照牧师开列的书单，把11本书找来细细地阅读。渐渐地，笼罩在心头那一片浓重的阴云退去了，似有一抹阳光照射进来，他激动万分，终于看到了希望。

人能创造自然界最伟大的奇迹，一旦曼狄诺意识到自己的潜力，便焕发出前所未有的生活热情和勇气。他遵循书中智者的教诲，像一位整装待发的水手，手中有了航海图，瞄准了目标，越过汹涌的大海，抵达梦中的彼岸。

在以后的日子里，曼狄诺当过卖报人、公司推销员、业务经理……在这条他所选择的道路上，充满了机遇，也满含着辛酸，但他已不可战胜，因为，他掌握了人生的准则。当遇到困难，甚至失败时，他都用书中的语言激励自己：坚持不懈，直至成功！终于，在35岁生日那一天，他创办了自己的企业——《成功无止境》杂志社，从此步入了富足、健康、快乐的乐园。

奥格·曼狄诺的成功为他带来了巨大的荣誉，成为美国家喻户晓的商界英雄。曼狄诺没有就此止步，开始著书立说。1968年，他写出了《世界上最伟大的推销员》一书。该书一经问世，即以22种语言在世界各个国家出版，不仅仅是推销员，还包括社会各个阶层人士，都被这部作品的风格深深吸引，人们争相阅读。截至1998年，该书

在全球总销量达到 1800 万册。

凡读过此书并对作者有所了解的人，都不难看出，海菲其实就是曼狄诺本人的化身，而牧师赠给他的 11 本书，则是那十张充满神秘色彩的羊皮卷。

曼狄诺的人生经历使人感慨，如果他没有早年的坎坷，就不会有后来的成就。

心灵悄悄话

不平凡的经历是成功的一笔财富，而如果他没有乐观的性格，没有彻悟人生，不是对生活充满热情，并勇敢面对，也不会克服重重困难，成就了他辉煌的人生。

犹豫时间越久，快乐就越短

人生的地图上，处处是十字路口。人生如棋、落子无悔，我们不能不慎重啊。可以说每一个选择都是在为自己种下一颗命运的种子，同时又有许多机会在选择时稍纵即逝。这个时候，你如果缺乏自信，举棋不定，你的人生很可能就此山重水复，难见光明。

有人说，世间最可怜的人就包括那些举棋不定、优柔寡断的人。这种性格上的弱点，可以破坏一个人的自信心，也可以破坏他的判断力，大大有害于他的精神能力。只要有举棋不定的习惯，到最后往往是一无所获，成就不了大事，因为这种习惯最容易让机遇从身边跑掉，让别人得到先机！

在生活中，有些人优柔寡断简直到了无可救药的地步，他们不敢去决定任何事情，不敢担负起应负的责任。而他们之所以这样，是因为他们不知道事情的结果会怎样——究竟是好是坏，是凶是吉。他们常常对自己的决断产生怀疑，不敢相信自己能解决重要的事情。因为犹豫不决，很多人使自己的美好想法陷于破灭。

对于人生来说，犹豫不决、优柔寡断是一个阴险的仇敌。在它尚未伤害你、破坏你、限制你一生的机会之前，你要即刻把这一敌人置于死地。不能再等待、再犹豫，绝不要等到明天，今天就应该开始。要训练自己养成一种遇事果断坚定的能力、遇事迅速决策的能力，对于任何事情不再犹豫不决。

开始行动总比优柔寡断要好。当机立断的行事风格虽然也会让你犯错，可是，与它所带来的好处相比，那些错误就显得无足轻重了。

2006 年，一位老师在参加一次演讲比赛中表现不凡，当时，评委中有位名校校长，邀请她去他们学校工作。这确实是一次难得的好机遇，但她考虑到离家千里，家里的人和事丢不下，总是打不定主意。几年后，当她想明白了，觉得应该趁年轻出去闯荡一下、锻炼一下，可是那所学校已经没有自主招聘老师的条件了。机会就这样失去了，她想，这也不能怪别人，只怪自己当时举棋不定。

其实在社会上、在生活中，有很多人一事当前总是举棋不定、犹豫不决，它是成功者最不想有的人生短板之一。

很多时候，举棋不定会让你的优势丧尽。因为优柔寡断的坏处不只是成功的障碍，它给人最大的负担是精神上的压力。通常，人们在慎重行事的同时，少一分顾虑，就多一分成功的可能，可优柔寡断这块心态短板只会让先机尽失。

曾听过一个让人深思的故事：

某地发生水灾，整个乡村都难逃厄运，村民们纷纷逃生。一位上帝的虔诚信徒爬到了屋顶，等待上帝的拯救。

不久，大水漫过屋顶，刚好有一只木舟经过，舟上的人要带他逃生。这位信徒胸有成竹地说："不用啦，上帝会救我的！"木舟就离他而去。片刻之间，河水已没过他的膝盖。刚巧，又有一艘汽艇经过，来拯救尚未逃生者。这位信徒却说："不必啦，上帝一定会救我的。"汽艇只好到别的地方救其他的人。

几分钟后，洪水高涨，已到了信徒的肩膀。这个时候，有架直升机放下软梯来拯救他。他死也不肯上飞机，说："别担心我啦，上帝会救我的！"直升机也只好离去。最后，水继续高涨，这位信徒最后被淹死了。

死后，他升上天堂，遇见了上帝。他大骂："平日我诚心祈祷您，您却见死不救。算我瞎了眼啦。"

但是上帝告诉他："我知道你诚心，所以才派了一只木舟、一艘汽艇和一架直升机来救你……"

这则故事告诉我们，举棋不定是人生大忌，我们做事不仅要多谋，还要善断，一个成功者的突出特点就是性格果决，多谋善断。缺乏果断品质的人，遇事优柔寡断，在做决定时，往往犹豫不决，而在做出决定之后，又不能坚决执行。那些缺乏迅速果敢和机动灵活应变能力的人，只能坐失良机。

那么，怎样才能克服举棋不定、优柔寡断的坏习惯，培养良好的果断品质呢？要从下面这几个方面下功夫：

第一，要有广博的知识和丰富的经验。

谋略与知识是密不可分的，只有知识面广才能足智多谋，孤陋寡闻的人，只能导致智力枯竭。诸葛亮在未出茅庐之时，就上知天文下知地理，对天下大势了如指掌，就已经制定了东联孙吴，北拒曹魏，三分天下有其一的对抗战略。可见他能果断地制定"空城计"的谋略也就不足为奇了。

第二，果断是经过充分估计客观情况，认真研究和掌握交往对象的各种情况而产生的谋略。

曹操率领百万大军进犯江东孙权疆界，东吴朝野上下主战主降者各执一词，孙权也犹豫不决。出使东吴的诸葛亮，详细分析了曹操的各种情况。诸葛亮认为，曹操号称百万之师，其实不过四五十万，而且投降兵将多，军心不稳，没有战斗力；曹兵皆北方人，不服南方气候、水土，不习水战，难以制胜。这样的分析，使孙权点头折服，接受了诸葛亮的东吴与西蜀联手抗曹的谋略。

这从降到战的转变，正是由于分析和掌握作战对象的情况而制定的。诸葛亮设计"空城计"，也正是他经过深思熟虑后对司马懿心理状态的正确判断。正如诸葛亮后来所说："此人料吾生平谨慎，必不

弄险，见如此模样，疑有伏兵，所以退去，非吾冒险，概因不得已而用之。"

第三，要把握时机，适时地做决定。

俗语说："机不可失，时不再来。"谋略要适合一定的机会，一定的谋略总是在特定时间和地点，在特定条件下才能成功，谋略也是随着时间、地点、条件的变化而变化。

在《钢铁是怎样炼成的》一书中曾讲述过这样一段故事：保尔·柯察金在途中见到自己的战友朱赫来被敌人的一个士兵押解着。这时，保尔的心狂跳起来，猛然想起自己衣袋里的手枪。于是决定等他们从身边走过时，开枪射死敌士兵，但是一个忧虑的念头又冲击着他："要是枪法不准，子弹万一射中朱赫来……"就在这一刹那之间，敌士兵已走近面前，在这关键时刻，保尔出其不意地一头扑向那个士兵，抓住了他的枪，死命地住下按……朱赫来终于得救了。

这段故事充分表现了保尔·柯察金的这个决定是果断有力的，他如果在关键的时候举棋不定，优柔寡断，那么结局恐怕又得改写了。人生很多时候不都是这样吗？该拿主意的时候一定要当机立断。

心灵悄悄话

世间最可怜的人就包括那些举棋不定、优柔寡断的人。这种性格上的弱点，可以破坏一个人的自信心，也可以破坏他的判断力，大大有害于他的精神能力。只要有举棋不定的习惯，到最后往往是一无所获，成就不了大事，因为这种习惯最容易让机遇从身边跑掉，让别人得到先机！

第八篇 >>>

欲望少快乐就多

　　有人说，人最难战胜的是自己。这话的含义是说，一个人成功的最大障碍不是来自外界，而是自身，每天我们都面对很多诱惑，在生活和社会的压力面前我们渴望得到更多，但往往现实是事与愿违。这里面有自身努力不够的问题，也有不自量力的问题。说到底是自制力的问题。只有自身的欲望越少，心理越容易满足，人才会感觉到快乐。

　　克服欲望就需要自制，自制不仅仅是在物质上克制欲望，对于一个想要取得成功的人来说，精神上的自制力更是重要的。

笑容的力量

　　人生多磨难，"苦辣酸甜"苦为先，从一朝脱离母体无所凭依的痛苦，到少年的磕磕绊绊，再到中年的苦恼苦涩，老年的病痛折磨，直至最后撒手西去，无一不充满了苦劳之事，但是，没有苦中苦，哪得甜里甜。

　　然而，大凡成功的人，都经历过为人所不知的折磨，他们展现给别人的永远是成功的一面，可是他们的成功绝非偶然，鲜花和掌声是由无数的汗水和鲜血堆积而成的：刘翔拼命地练习，磨炼自己，超越自己，让自己跑得更快，才可以取得轰动全国甚至全世界的好成绩；曾经穷困潦倒的凡·高，在荆棘密布的丛林中高声歌唱，不忘记自己对艺术的追求，最终登上了美术史上的高峰；李清照在饱经国仇家恨后，变得更加坚强，晚年的创作成就更令无数文人墨客惊讶歆羡。

　　或许很多时候，我们发现古人所说的"祸不单行"这句话确实千真万确，一旦自己遇到了倒霉的事情，霉运就会伴随着自己，真是"倒霉透顶"。其实很多时候，这种接连倒霉的情况是由于我们自己为自己制造了心理障碍而造成的。因此，在遇到一些困难的事时，首先让自己的心明朗起来，这样才能清楚地看到接下来要做的事，才能扭转不好的局面，从而向快乐的生活迈进。

　　美国著名的残疾运动员麦吉的不幸一个接着一个，在苦涩的生活面前，他却凭着惊人的意志力，赢得了一个个的荣耀，用笑容来抵制磨难。

自乐

麦吉从著名的耶鲁大学戏剧学院毕业时只有22岁，当时他风华正茂，意气风发，正是一展才华的大好时机。然而命运却与他开了一个不大不小的玩笑。那年10月的一天晚上，一辆18吨重的车从第五大道第34街驶出来时把他撞晕在地，当他醒来时发现自己身在加护病房，左小腿已经截去。

年少的麦吉没有放弃希望，出院后，麦吉开始练习跑步，这一跑就拉开了其后8年把自己锻炼成全世界最优秀的独腿人的序幕。麦吉为自己的理想而不懈地努力着，不久他便去参加10千米赛跑，并把参加这种赛事作为自己的锻炼机会。随后他又参加纽约马拉松赛和波士顿马拉松赛，成绩打破了伤残人士组纪录，他终于成为全世界跑得最快的独腿长跑运动员。

麦吉笑了，这是一个莫大的荣耀，但是他并没有就此停步，他开始进军三项全能。那是一项极其艰难的运动，这对只有一条腿的麦吉来说，无疑是一个巨大的挑战。

正当麦吉踌躇满志时，不幸又一次降临。1993年6月的一天下午，麦吉在南加利福尼亚州的三项全能运动比赛中，骑着自行车以时速56千米的速度疾驰，带领一大群选手穿过米申别荷镇，群众夹道欢呼。突然，麦吉听到群众的尖叫声。他警觉地扭过头，只见一辆黑色小货车朝他疾驰而来。然而根本不容他反应，这辆车已经如闪电般直冲过来，麦吉的身体随之飞越马路，一头撞在电灯柱上，颈椎"啪"的一声折断。麦吉接受紧急脊椎手术后醒来时，发现自己躺在重伤病房，一动也不能动。麦吉四肢瘫痪了，那时他才30岁。

这一次，麦吉周围的护士个个都流泪了，她们为麦吉难过，因为此时命运已经不只是在开玩笑了，简直是欲置麦吉于死地而后快。麦吉的四肢都因颈椎折断而失去功能，但仍保存少量神经活动，使他能稍微动一动——手臂能抬起一点点，在轮椅上身体可以前倾，双手能做一些简单动作，双腿有时能抬起两厘米。

当别人为麦吉遇到这样的厄运流泪时，麦吉却笑了，因为他知道，他的四肢尚有感觉，这意味着他有了独立生活的能力，无须24小时受人照顾。经过艰苦锻炼，麦吉渐渐进步到能自己洗澡、穿衣服、吃饭，甚至开经过特别改装的车了。当医生对此表示惊奇时，麦吉则笑着说："这不过是我幸运罢了。"

命运并不因为麦吉的笑容而减少对他的折磨，接下来的治疗让他吃尽了苦头。医院对脊椎重伤病人的治疗，好似施行酷刑。他们先给麦吉装上头环：那是一个钢环，直接用螺钉装在颅骨上，然后把头环的金属撑条连接到夹在麦吉身体两侧的金属板上，以固定麦吉的脊椎。安装头环时只能局部麻醉，医生将螺钉拧进麦吉的前额时，麦吉痛得直惨叫。但是痛过之后，麦吉那永远不变的表情依然是笑容。

两个月后，头环拆掉，麦吉被转送到科罗拉多州一家康复中心。麦吉的苦难暂告一个段落。在这家康复中心，麦吉看到许多与自己同病相怜的人，而他对此时的境遇也并不陌生，无非是伤残、疼痛、失去活动能力、康复、耐心锻炼——所有这些他都经历过。因此，麦吉反而更加沉静，他笃定自己离幸福不远，过去顽强不屈、永不向命运低头的精神又回来了。

麦吉很喜欢爱默生曾经说过的一句话："伟大而高贵的人物，最明显的标志就是他坚定的意志。不管境况变化到何种地步，他的初衷与希望，仍不会有丝毫的改变，从而终将克服障碍，达到所企望的目标。"

命运再苦，麦吉总不忘记对自己笑一笑，告诉自己：我要忍耐此时的痛苦，我要坚持下去，幸福就在不远的前方。然而，事实并不像他想象的那样简单，他的手臂永远不可能再抬到高过头顶，而且他永远不能再走路了。那一刻，他心如死灰。

"我才33岁，不想离开这个世界，"麦吉想，"当然我也不想四肢瘫痪，但既然无法改变这个事实，只能学会好好活下去。"此时，他虽然不知道下一步该怎样做，但有一点很清楚：要是继续沉沦，他的一生不久就会结束。于是，他试着把自己现在的一张苦脸换上以前从

容的笑脸，慢慢地，那股韧劲又出现了，他想："也许我的遭遇并非坏事，而是上天给我的美妙赏赐，令我有机会真正了解自己。"

从此，他彻底改变了。现在麦吉住在新墨西哥州圣菲市，他在撰写论文，主题是神话史上的伤残男性。他还在加州圣巴巴拉市帕西非卡克研究所攻读神学博士学位。

鲁迅说："真的勇士，敢于直面惨淡的人生，敢于正视淋漓的鲜血。"一个人的意志是在击打中体现的，如果没有那凶猛的风雨，怎会有美丽而招人喜爱的彩虹？有折磨才有成功，有你为此流下的汗水，才能种出叫作成功的花来，而面对折磨是否能守住好心态，是一个人走出折磨的关键。

及时当磨砺，振翅始高飞。真正的成长来自折磨而不是温室的培育，很多人盼望成功，有些人失败了，有些人成功了，差异就在于在这条饱受折磨的成功的崎岖的山路上，有些人微笑面对，继续攀登，而有些人却因为经受不住折磨而放弃了它，最终与成功无缘。作为新时代的年轻人，要微笑面对折磨，人生犹如无法预料的棋局，只有守住积极的心态，才能"千磨万击还坚劲，任尔东西南北风"，"守得云开见月明"，直达成功的彼岸。

心灵悄悄话

生活就像一面镜子，如果你用苦脸迎接命运的挑战，那么你看到的必然是苦的"镜像"，相反，你笑一笑，生活也会向你绽开笑颜。命运永远不可能让坚韧忍耐的人臣服。自助者天助之。当我们无法选择命运时，不如默默地接受，并且学会改变。

战胜欲望，让快乐多一点

如果你今天计划做某件事，但早上起床后，因昨晚休息得太晚而困倦，你是否义无反顾地披衣下床？如果你要远行，但身体乏力，你是否要停止旅行的计划？如果你正在做的一件事遇到了极大的、难以克服的困难，你是继续做呢，还是停下来等等看？对诸如此类的问题，若在纸面上回答，答案一目了然，但放在现实中，以你身在其中，自己去拷问自己，恐怕也就不会回答得太利索了。眼见的事实是，有那么多的人在生活、工作中遇到了难题，都被打趴下了。他们不是不会简单地回答这些问题，而是思想上的自制力难以控制自己。

一个沿街流浪的乞丐每天总在想，假如我手头有两万元钱就好了。一天，这个乞丐无意中发觉了一只跑丢的很可爱的小狗，乞丐发现四周没人，便把狗抱回了他住的窑洞里，拴了起来。

这只狗的主人是本市有名的大富翁。这位富翁丢狗后十分着急，因为这是一只纯正的进口名犬。于是，就在当地电视台发了一则寻狗启事：如有拾到者请速还，付酬金两万元。

第二天，乞丐沿街行乞时，看到这则启事，便迫不及待地抱着小狗准备去领那两万元酬金，可当他匆匆忙忙抱着狗又路过贴启事处时，发现启事上的酬金已变成了 3 万元。原来，大富翁寻狗不着，又电话通知电视台把酬金提高到了 3 万元。

乞丐似乎不相信自己的眼睛，向前走的脚步突然间停了下来，想

了想又转身将狗抱回了窑洞，重新拴了起来。第三天，酬金果然又涨了，第四天又涨了，直到第七天，酬金涨到了让市民都感到惊讶时，乞丐这才跑回窑洞去抱狗。可想不到的是那只可爱的小狗已被饿死了，乞丐还是乞丐。

其实人生在世，好多美好的东西并不是我们无缘得到，而是我们的期望太高，往往在刚要接近一个目标时，又会突然转向另一个更高的目标。西方一位哲人曾说过这样一句话："人的欲望是座火山，如不控制就会害人伤己。"

一个月光明朗的夜晚，饥饿的瘦狼遇到了养得肥肥的看家狗。狼很羡慕狗，想和它交朋友。

"你看上去怎么这么壮实？"狼问，"你肯定比我吃得好多了。"

"唉，如果你要吃我吃的东西，就得干我干的活。"狗说。

"什么活？"狼问。

"就是尽心尽职地给主人看家、防贼什么的。"

"我可以试试吗？"

狗一见狼愿意跟自己一样为主人效力，就领着狼匆匆向主人的住宅跑去。

它们在一起跑的时候，狼看到狗脖子上有一圈明显的伤疤。

"你的脖子是怎么搞的？"

"是平时铁链子套在脖子上勒的。"狗不经意地答道。

"链子？"狼吃惊了，"难道你平时不能自由自在地随意走动？"

"不能完全随我的意，"狗说，"主人怕我白天乱跑，因此把我拴起来。不过到了晚上，我还有一定的自由。重要的是我可以吃到主人吃不了的食物，主人非常地宠幸我……怎么啦，你怎么不走啦，你要到哪儿去？"狗一见狼正在离开它，急切地喊。

"我要回到树林里去，"狼回头说，"你吃你的美食去吧，我宁可吃得糟糕点，也不愿意让链子拴住脖子，失去了宝贵的自由。"狼说完一溜烟地跑了。

寄人篱下也许能得到衣食方面的照顾，但却使自己的自由和发展受到限制。主人每天提供现成的食物就像是诱人的"欲望"，当我们不能克制自己欲望的时候，就会被锁链锁住了自己的"自由"。

自制，就要克服欲望。自制不仅仅是在物质上克制欲望，对于一个想要取得成功的人来说，精神上的自制力更是重要的。

那么一个人该怎样培养自制力呢？

1、控制目标

目标是思想的核心，更是行动的指南，也是取得成功的重要方法。人不可能无为而治，都要有一定目的；做事都要有计划，不能东一下西一下，无头无序。

控制好目标是取得成功的一种重要方法。控制目标，就要制定目标。目标有长期的、中期的，也要有短期的。中长期目标与短期目标并举，做起来就心中有数，忙而不乱了。

修订目标也是重要的一步棋。目标永远是超前的考虑，当做到某一步时，一些意料不到的事情就会出现、发生。在这个时候，如果不对目标及时地修订，那么目标就会因不能如约执行计划而处于废弃的危险境地。

2、控制时间

人生活在空间和时间中，空间容纳人，时间改变人。很多人事情做不好，就是没利用好时间。

操纵时间是门大学问。你应该把你计划要做的事，结合你的个人情况，做一个统筹的安排。这可不是一件轻松的事，人们往往不但不明白自己要做哪些事，而且不明白在什么时候，用多长时间来做某件事。但是，难的是如何将那么多事和有限的时间充分地融合在一起，事情做好了，时间也没白白浪费，你可选择充分的时间来工作、游

戏、休息，虽然客观的环境不一定能任人掌握，但人却可以自己控制时间。当我们能控制时间时，就能改变自己的一切。

心灵悄悄话

一个人没有意识作先导，就不可能有具体的行为。要明白自己想要什么，不能要什么，再弄清楚，怎样拒绝不能做的事，强制自己专做该做的事，最后再思量一下，自己做了会怎样，不做又会怎样，这是建立毅力的前提，是由控制思想向控制行为过渡的问题。

学会说话也会使人快乐

办事太实不免流于机械呆板，说话也是如此。在求人帮忙时，并不需用郑重其事的说话方式。因为这种方式显得过分重视，容易在彼此间造成心理压力，一旦被否定，自己会感到下不来台。

他在一家外资企业打工，在较短的时间内，连续两次提出合理化建议，使生产成本分别下降30%和20%。大鼻子老板非常高兴，对他说："小伙子，好好干，我不会亏待你的。"这青年当然知道这句话可能意义很大，也可能不值一文，他想要点实在的，便轻松一笑，说："我想您会把这句话放到我的薪水袋里。"洋老板会心一笑，爽快应道："会的，一定会的。"不久他就获得了一个大红包和加薪奖励！

面对老板的鼓励，青年人如果不是这样俏皮，而是坐下来认真严肃地提出加薪要求，并摆出理由若干条，岂不太煞风景，甚至适得其反。

把本来应郑重其事的问题用开玩笑的口气说出来，也是一种巧言留余地的做法。如果对方给以否定，便可把这个问题归结为开玩笑，这样既可达到试探的目的，又可在一笑之中化解尴尬，维护自己的尊严。

人人都爱面子，即使那些故意犯错误的人也是如此，他们更怕失去颜面。错误一旦被别人揭开，他们极有可能做出极端的行为，这样结果反而不美。所以，为人低调的人就会利用他们爱面子这一点，巧

言攻心，点到为止，给他们留条生路，从而使那些故意犯错误的人回心转意、痛改前非，自己也能得到丰厚的回报。

晚清红顶商人胡雪岩非同一般之处，就在于他深谙"巧言攻心，点到为止"的道理，即使属下犯下了不可饶恕的错误，他也能够宽厚待人，不轻易敲碎别人的饭碗。

万事和为先，即使在处理店铺内部员工的违纪问题上，胡雪岩仍坚持了和气生财，给人一条生路的原则，做到了以情感人，使职工忠心耿耿地为自己做事。

比如在对待"吃里爬外"的手下朱福年的问题上，胡雪岩仍然牢记"维人一条路，伤人一堵墙"的道理，使这件事处理得极为漂亮。

朱福年为人做事十分不地道，不仅在销洋庄的事情上暗中作梗，而且拿了东家庞二的银子"做小货"，庞二自然不能容忍。依庞二的想法一定要彻底查清朱福年的问题，并狠狠地整他，然后将他扫地出门。胡雪岩觉得这种大张旗鼓的方式并不妥当，最好是能低调处理。胡雪岩先通过关系，把朱福年在同兴钱庄所开"福记"账户历年进出的数目，将丝行的资金划拨"做小货"的底细摸得一清二楚，然后再到丝行看朱福年做的账，并在账目上点出朱福年的漏洞："有没有错，要看怎么个看法，什么人来看。我看是不错，因为以前的账目，跟我到底没有啥关系，可你们二少爷来看，就是错了。你说是不是呢？"

胡雪岩仅仅是点到为止，并不点破朱福年"做小货"的真相，也不再加以深究，让朱福年感到自己"做小货"似乎已经被抓到了"把柄"，但又摸不着头脑，觉得自己成了"孙悟空"，无论怎么跳也跳不出胡雪岩这尊"如来佛"的手掌心。只有主动认错，表示服帖，才是上上大吉。

"胡先生，我在裕记年数久了，做事记账手续上难免有疏忽的地方，一切要请胡先生包涵指教。将来怎么个做法，请胡先生吩咐明白，我无不遵办。"

朱福年的话里带有歉意。很明显，这是递了"降表"。到此地步，胡雪岩便开门见山地直接说了自己的看法和打算，"福年兄，受人之托，忠人之事。二少爷既然请我来看账，自然对他要有个交代。你是抓总的，我只要跟你谈就是了。下面各人的账目，你自己去查，用不着我插手。"

"是。"朱福年见有补救的机会，连忙说，"我从明天就清查各处的账目，日夜赶办，有半个月的工夫，一定可以盘清楚。"

"好的。你经手的总账，我暂时也不看，等半个月以后再说。这半个月之中，你也不妨自己先查点一下，如果还有疏忽的地方，想法子弥补，我以后仅仅是看几笔账。"接着，胡雪岩清清楚楚地说了几个日子，都是从同兴钱庄那份"福记"收支清单中挑出来的，都是一些有疑问的日子。

朱福年暗暗心惊，自己做的事情自己知道，却不明白胡雪岩何以了如指掌，莫非裕记中有他的眼线？照此看来，此人高深莫测，以后万万不可大意。到了这一地步，朱福年算是彻底服了胡雪岩。不过，这时的"服"，还是被胡雪岩的气势所威服，以害怕的成分为多。

朱福年心中的所有疑惧都流露在脸上。胡雪岩便索性开诚布公地说："福年兄，你我初次共事，恐怕你还不大晓得我的为人。我一向的宗旨是'有饭大家吃，不但吃得饱，还要吃得好'。所以，我决不肯轻易地敲碎人家的饭碗。不过做生意跟打仗一样，总要同心协力，人人肯拼命，才会成功。过去的都不用说了，以后看你自己。你只要肯尽心尽力，不管心血花在明处还是暗处，说句自负的话，我都一定能够看得到，也一定不会抹了你的功劳。二少爷面前我一定会帮你说话。也许，你倒看得起我，将来愿意跟我一道来打天下。只要你们二少爷肯放你，我欢迎之至。"

于是，胡雪岩特意留出一些时间，让朱福年暗中检点账目，自己

慢慢弥补过失，等于有意放他一条生路。最后，态度十分明确地告诉朱福年，只要尽力尽心地努力做事，他仍然会得到重用。这一下朱福年对胡雪岩的宽宏大度真就感激不尽，彻底服帖了。

心灵悄悄话

如果在办事过程中，利用适当时机，巧妙提出自己的问题，给人的印象是并未把此事看得很重，即使不满足也没有什么感觉。

包容别人会让自己快乐

当别人冒犯了你，不管他是有意还是无意，你会做何反应呢？是暴跳如雷，严厉指责，还是怀恨在心，伺机报复？又或者是第三种选择，以自己的宽容、大度去包容他？毫无疑问，这第三种做法唯有大气之人才能做到，因为他们拥有一颗王者之心。其实，我们每个人都应拥有一颗王者之心，具有超凡的宽容。用我们伟大的心灵去宽容那些曾经冒犯我们的人。

亚历山大大帝骑马旅行到俄国西部。一天，他来到一家乡镇小客栈，为进一步了解民情，他决定徒步旅行。当他穿着没有任何军衔标志的平纹布衣走到一个三岔路口时，记不清回客栈的路了。

亚历山大无意中看见有个军人站在一家旅馆门口，于是他走上去问道："朋友，你能告诉我去客栈的路吗？"

那军人叼着一只大烟斗，头一扭，高傲地把这身着平纹布衣的旅行者上下打量一番，傲慢地答道："朝右走！"

"谢谢！"大帝又问道，"请问离客栈还有多远？"

"一英里。"那军人生硬地说，并瞥了陌生人一眼。

大帝抽身道别刚走出几步又停住了，回来微笑着说："请原谅，我可以再问你一个问题吗？如果你允许我问的话，请问你的军衔是什么？"军人猛吸了一口烟说："猜嘛。"

大帝风趣地说："中尉？"

那烟鬼的嘴唇动了一下，意思是说不止中尉。

191

自乐

"上尉?"

烟鬼摆出一副很了不起的样子说:"还要高些。"

"那么,你是少校?"

"是的!"他高傲地回答。于是,大帝敬佩地向他敬了礼。

少校转过身来摆出对下级说话的高贵神气,问道:"假如你不介意,请问你是什么官?"

大帝乐呵呵地回答:"你猜!"

"中尉?"

大帝摇头说:"不是。"

"上尉?"

"也不是!"

少校走近仔细看了看说:"那么你也是少校?"

大帝镇静地说:"继续猜!"

少校取下烟斗,那副高贵的神气一下子消失了。他用十分尊敬的语气低声说:"那么,你是部长或将军?"

"快猜着了。"大帝说。

"殿……殿下是陆军元帅吗?"少校结结巴巴地说。

大帝说:"我的少校,再猜一次吧!"

"皇帝陛下!"少校的烟斗从手中一下掉到了地上,猛地跪在大帝面前,忙不迭地喊道,"陛下,饶恕我!陛下,饶恕我!"

"饶你什么?朋友。"大帝笑着说,"你没伤害我,我向你问路,你告诉了我,我还应该谢谢你呢!"

面对下属如此的傲慢无理,亚历山大并没有暴跳如雷,也没有对他严肃教育,讲一番严肃的道理,而是用一种幽默的谈话方式亮明自己的身份,把这位少校的傲气一点点削弱下去。相信,从此以后,这位少校不管对谁都不会傲慢无礼了。

亚历山大大帝用自己的宽容,巧妙地教育了他,让他认识到了自己的过错。

遇到别人冒犯自己，不管他是有意还是无意，不要立刻暴跳如雷，而是要压住自己的火气，找出其中的原因，拿出稳妥的应对之策。

李先生在国内当过多年的翻译，后来移民去了加拿大。因为他能说三门外语，所以他希望能够先在一家进出口公司里找份秘书工作干，熟悉一下当地的工作环境。

他先在网上发了好几封求职的 E－mail。多数公司给他回信说，他们暂时还不需要人。不过，他们会把他的名字存在人才库里。

但是有一家公司的回复措辞相当苛刻，其中说道："你对我们公司的业务理解完全错误，现在我们根本不需要文案秘书，即使需要，也不会聘你，因为你连德文的语句都写不好，信里全是错词错句……"

李先生看了这封信后，简直气得发疯，这是瞧不起我们中国人！

他带着气，马上动手写了一封信，在信中大发脾气。信写完后，气也消了一半，他告诉自己说："等一等，我怎么知道这个人说的事不是对的？我学过德文，可是这并不是我的母语，也许我确实犯了很多自己并不知道的错误。如果真像信中所说的那样，那么我要想得到一份工作，就必须加以注意。这位尚未见过面的异国朋友，直言不讳的措辞让人接受不了，这也许是他们的一种文化习惯，在这一问题上，是不是自己的民族意识过强了些？反过来想，这也很可能是对我的一个及时提醒。他之所以用这种难听的话来表达他的意见，也许我的德文水平是该好好提高一下了，所以应该再写封信给他，在信中感谢他一番。"李先生删除了他刚刚已经写好的那封出气的信，又重新这样写道：

"你这样不嫌麻烦地写信给我，实在是令我太感激你了。对于我把贵公司的业务理解错的事，我觉得非常抱歉！我之所以再写信给

193

你，是因为我从别的地方打听到，说你是这一行业的权威人士。遗憾的是，我并不知道我的信上，有那么多文法错误。你指出后，我很惭愧，也很难过。多亏你的提醒，我现在正在打算更努力地去学习德文，逐一改正我的错误，再次感谢你帮助我走上了改进之路！"

意想不到的是，不几天，李先生又收到了那人的回音，请李先生去他们公司面试。李先生很快被这家公司正式录用。

面对对方毫不留情的指责，李先生的第一反应就是愤怒，他马上写信打算狠狠回击对方，找回自己的尊严，不过幸好在信写完后，他冷静了下来，认识到对方并不是有意要冒犯自己，而是自己的文法上确确实实有问题，于是恭恭敬敬给对方写了一封致谢的信。那家公司想必被李先生的大气、谦逊所说服，觉得他是一个合格的员工，于是录用了他。

其实，这是一种本能，本无可厚非，但是也应该想到这在无形之中也为自己和别人增设了一道障碍，于人于己都是不利的。所以，收起自己的"硬刺"，试着去包容那些冒犯者，以自己的大度去感化、影响他们，营造一个融洽的人际关系氛围吧。

心灵悄悄话

每个人都有很强的自我保护意识，不允许自己受到外界一丝一毫的侵害，一旦有人冒犯，便会像刺猬一样，竖起身上的硬刺，扎伤入侵者。请收起自己的"硬刺"吧，试着去包容那些冒犯者，以自己的大度去感化、影响他们，用伟大的心灵去宽容那些曾经冒犯我们的人吧。

成功的快乐

眼高手低的人能看到成功，却无法抓住它，因为他的手在下面。

很多人容易养成好高骛远的坏习惯。仅有远大理想，眼高手低，不能脚踏实地的人，他的理想也就无从实现。如果不及早纠正眼高手低的小毛病，那么你的梦想就会变为空想。

有些人总是有很宏大的梦想，他们不屑于眼前的这些小事。旁人在他们眼中，也大多是一群庸庸碌碌之辈，谈不上有什么共同语言。但在最初交往时，人们往往会被他们表面的雄心壮志所迷惑，老板也会认为他们是难得的栋梁之材。而事实上，他们眼高手低，大部分时间都沉浸在自己宏伟的梦想中，长此以往，他们不能也不会做出什么成就，曾经的雄心壮志难免会变成同事们茶余饭后的笑料。除非他们幡然悔悟、奋起直追，否则，等待他们的往往是慢慢沉沦，或者跳到其他的公司去继续发牢骚，即使这样，同样的悲剧也难免再次上演。

郭英毕业于某大学外语系，她一心想进入大型的外资企业，最后却不得不到一家成立不到半年的小公司"栖身"。心高气傲的郭英根本没把这家小公司放在眼里，她想利用试用期"骑马找马"。

在郭英看来，这里的一切都不顺眼——不修边幅的老板，不完善的管理制度，土里土气的同事……自己梦想中的工作可完全不是这么回事啊。"怎么回事？""什么破公司？""整理文档这样的小事怎么让我这个外语系的高才生做呢？""这么简单的文件必须得我翻译吗？""就一篇小报告而已，为什么自己不写要我帮忙呢？""噢，我受不

了了！"

就这样，郭英天天抱怨老板和同事，双眉不展、牢骚不停，而实际的工作却常常是能拖则拖，能躲就躲，因为这些"芝麻绿豆的小事"根本就不在她的思考范围之内，她梦想中的工作应该是一言定千金的那种。唉，梦想为什么那么远呢？

试用期很快过去，老板认真地对她说："我们认为，你确实是个人才，但你似乎并不喜欢在我们这种小公司里工作，因此，对手边的工作敷衍了事。既然如此，我们也没有理由挽留你。对不起，请另谋高就吧！"

被辞退的郭英这才清醒过来，当初自己应聘到这家公司也是费了不少力气的，而且，就眼前的就业形势，再找一份像这样的工作也很困难啊。初次工作就以"翻船"而告终，这让郭英万分失望与后悔，可一切都已晚矣！

在工作时，许多年轻人念念不忘高位、高薪，并且认为：英雄须有用武之地。然而当他们负责具体工作时，又会从心底说："如此枯燥、单调的工作，如此毫无前途的职业，根本不值得自己付出全部心血！"当他们面对细微工作时，通常会说："这种平庸的工作，做得再好又有什么意义呢？"渐渐地，他们开始轻视自己的工作，开始厌倦生活。

年轻人普遍存在的一个问题：好高骛远。实际生活中，却需要我们脚踏实地，时时衡量自己的实力，不断调整自己的方向，一点一点达到自己的目标。

但凡在事业上取得一定成就的人，大都是从简单的工作和低微的职位上一步一步走上来的。他们总能在一些细小的事情中找到个人成长的支点，不断调整自己的心态，用恒久的努力打破困境，走向卓越与伟大。

而"眼高手低"只会让你永远站在起点，无法到达终点。

年轻人应该像哥伦布那样，努力去发现自己的新大陆。沉湎于过去或者深陷于对未来的空想是没有前途的。你正在从事的职业和手边正在进行的工作，是你成功之花的土壤，只有将这些工作做得比别人更完美，才有可能将寻常变成非凡。

维斯卡亚公司是20世纪80年代美国最为著名的机械制造公司，其产品销往全世界，并代表着当时重型机械制造业的最高水平。许多人毕业后到该公司求职遭拒绝，因为该公司的高级技术人员爆满，不再需要各种高技术人才。但是优厚的待遇和足以让自己自豪、向他人炫耀的职位，仍然向那些有志的求职者闪烁着诱人的光环。

科曼是哈佛大学机械制造业的高才生，和许多人的命运一样，他在该公司每年一次的用人测试会上被拒绝了。科曼并没有死心，他发誓一定要进入维斯卡亚重型机械制造公司，于是，他采取了一个特殊的策略——假装自己一无所长。他先找到公司人事部，提出为该公司无偿提供劳动力，请求公司分派给他任何工作。公司起初觉得这简直是不可思议，但考虑到不用任何花费，简直是天上掉馅饼，于是便分派他去打扫车间里的废铁屑。一年中，科曼勤勤恳恳地重复着这种简单而劳累的工作。为了糊口，下班后他还要去酒吧打工。这样，虽然得到老板及工人们的好感，但是仍然没有一个人提到录用他的问题。

不久后，公司遇到了一场危机，许多订单纷纷被退回，理由均是产品质量问题，为此公司将蒙受巨大的损失。公司董事会为了挽救颓势，紧急召开会议商议对策，当会议进行一大半却毫无进展时，科曼闯入会议室。在会上，科曼对这一问题出现的原因做了令人信服的解释，并且就工程技术上的问题提出了自己的看法，随后拿出了自己对产品的改进设计图。他的这个设计非常先进，恰到好处地保留了原来机械的优点，又克服了已出现的弊病。

总经理及董事会的董事见到这个编外清洁工如此精明在行，便询问他的背景以及现状，科曼当即被聘为公司负责生产技术的副总经

理。原来，科曼在做清扫工时，细心察看了整个公司各部门的生产情况，并一一做了详细记录，发现了所存在的技术性问题并想出了解决的办法。为此，他花了近一年的时间搞设计，获得了大量的统计数据，为最后一鸣惊人奠定了基础。

年轻人当有远大志向，才可能成为杰出的人物。但要成为杰出人物，光是心高气盛还远远不够，还必须从最不起眼的事情做起。

饭是要一口一口吃的，活是要一步一步干的，无数的小事将铸成大事，一天一天的成就将会砌成你梦想的大厦。

在我们的生活中，几乎每个人都有自己的梦想。有梦想并不是坏事，关键是要找对方法，并努力去实现它。如果我们想在公司里出人头地，就应该将自己的梦想与公司的发展结合在一起。我们要从现在的任务做起，一步步认真而又执着地做下去；我们要认真地去拜访客户、调查市场，而且，无论做什么，都要自始至终在脑海中保持着梦想的远景。只有这样，我们才能把注意力集中在现在需要做的事情上，同时也与我们的梦想保持密切联系，使我们的每一次行动都在向心中的目标前进。当我们集中精力处理当前事务的时候，我们就已经开始成长。实现未来梦想的第一步，就是把当前的工作尽力做好，然后再满怀信心地去做下一个。

这样一来，不但你的心中会时时充满对工作的热爱，你也一定能在工作中体会到无穷的乐趣，逐渐取得越来越大的成就。当你的能力逐渐超过现在职位需要的时候，你就可以充满自信地向更高的职位前进了。一个成功的人无论对于工作还是生活都是心存感激的，而且内心永远会保持自己的理想。与其天天做白日梦或者失意地愤而退出，不如集中精力并且扎扎实实地努力工作，只有这样，才能更快更好地让你的梦想变成现实。到那时，周围的人一定会对你刮目相看，你将会充分实现自己的梦想和价值。

每个人都应该有理想，但理想一定要切合实际。更重要的是，你要脚踏实地，在一件件最不起眼的小事里慢慢积累成功的资本。千里之行始于足下，如果你正怀抱着宏伟的梦想，那么就从眼前的小事做起吧！

心灵悄悄话

在我们的生活中，几乎每个人都有自己的梦想。有梦想并不是坏事，关键是要找对方法，并努力去实现它。我们要从现在的任务做起，一步步认真而又执着地做下去；而且，无论做什么，都要自始至终在脑海中保持着梦想的远景。实现未来梦想的第一步，就是把当前的工作尽力做好，然后再满怀信心地去做下一个。

第八篇　欲望少快乐就多

第九篇 >>>

自乐是一种心态

史蒂文森曾经说过:"世界是如此的丰富多彩,我们就像国王般幸福快乐。"

在现实生活中,人会有各种各样的心境、冲动、品性、情感,我们应该为之高兴才是。如果你想改变你的世界,首先就应该积极地改变你自己的心态。只有这样,你才能成就一番伟业,有一个快乐而美好的人生。

保持快乐的唯一方式就是抓住生活中的每一次机会,享受生活。总是把快乐寄托在明天本身就是一个巨大的错误。

不要为每一件错事自责

人一生中犯的错误可多了，要是对每一件都深深地自责，一辈子都背着一大袋的罪恶感生活，你还能奢望自己走多远？

由于工作的原因，我们常要和外人接触。因为密切的互动，大多数人都很亲切，很有爱心，宽大为怀。如果你犯了错，而且真诚地要求他人宽恕时，绝大多数的人不仅会原谅你，他们也会把这事儿忘得一干二净，使你再次面对他们时一点愧疚感也没有。

我们这种亲切的态度对所有人都一样，没有什么人种、地域、民族的区别，但就只对一个人例外。谁？没错，就是自己。

也许你会怀疑："人类不都是自私的吗？怎么可能严以律己，宽以待人？"是的，人总是会很容易原谅自己，不过，这只是表面上的饶恕而已，如果不这么自我安慰的话，如何去面对他人？但在深层的思维里，一定会反复地自责："为什么我会那么笨？当时要是细心一点就好了。"或是"我真该死，这样的错怎能让它发生？"

如果你还不相信，请你再想想自己有没有犯过严重的错误，如果想得出来的话，那你一定还耿耿于怀，没真的忘了它。表面上你是原谅了自己，实际上你是将自责收进了潜意识中。我们可以对他人这么宽大，难道就没有资格获得自己这种仁慈的对待吗？

人无完人，孰能无过？犯了错只表示我们是人，不代表就该承受折磨。我们唯一能做的只是正视这种错误的存在，在错误中学习，以确保将来不会发生同样的憾事。接下来就应该获得绝对的宽恕，再来就得把它给忘了，继续往前进。

自乐

人生之帆，不论顺风或逆风都要前进。宽恕自己，才能把犯错与自责的逆风，化为成功的推力。

要学会尊重自己，其中一个方法就是接受自己——不仅接受自己的优点，也接受自己的缺点。我们绝大部分人对自己都持有双重的看法，在他们的想象中，在两个不同的房间里挂着自己不同的肖像画。一个房间的画像全是用浓墨重彩画成，全部表现优秀品质，没有任何阴影。另外一个房间里挂的是帆布画，画像稀奇古怪，就像达利安人所做的涂鸦之作，画面阴暗沉重，令人窒息。我们不能将这两幅画像隔离开来，片面地看待自己，而是需要将其放到一起综合考察，最后合二为一。

我们在踌躇满志时，往往不敢正视自己内心的愧疚、仇恨和羞辱；在垂头丧气时，却又不敢相信自己拥有的优点和取得的成就。我们应该画出自己的新画像，更应该实事求是地接受自己、了解自己，我们所做的一切都不是十全十美的。很多人常常会过分严格地要求自己，凡事都希望完美无缺，这是不理智的想法。我们每个人都是一个综合体，在我们身上都有如暴君、批评家和勇士等的某些性格特征。有时候我们希望支配他人、算计别人，快意于别人的苦痛，但这些恶劣品性是能够也必须服从于人格中的善的一面的。

有些人因为自己有时候具有消极的破坏性感情，就以为自己是邪恶的，于是一蹶不振，自暴自弃，这很让人惋惜。我们应该明白，少许的性格缺点并不能说明我们就是不受欢迎的人。恩莫德·巴尔克曾警告人类说，以少数几个不受欢迎的人为例来看待一个种族，这种以偏概全的做法是极其危险的。在今天，对人的个性采取以偏概全的做法，同样也是极其危险的，我们应该避免这种做法。我们对自己、对别人具有攻击性、怀有仇恨，这些感情是人性的一部分，我们不必因此就厌恶自己，觉得自己就像社会的弃儿一样。意识到这一点，我们就能在精神上获得超脱和自由。如果我们能坦然接受自己的这些缺点，我们就不必戴着面具去生活。我们就会真正成为自己本身！道德

上过于自负及苛刻的自我要求，都是内心世界的最大敌人。我们要学会适当地宽容自己，要知道我们不可能像天使那样纯洁无瑕，能认识到这一点，我们才能保持内心的平静。

要想形成这种面对生活的态度，一蹴而就是不大可能的。我们的进步是缓慢的、渐进的，有时甚至让人灰心丧气。

纽约的一位精神病医生遇到一个病人，这个病人酒精中毒，已经为此治疗了两年。有一次，病人来看医生，要进行心理治疗。病人告诉医生说，前两天，他被解雇了。当心理治疗完毕后，病人说："大夫，如果这件事发生在一年前，我是承受不住的。我想自己本来可以做得更好，避免这类事情的发生，但却未能做到，为此我会去酗酒。说实话，昨天晚上我还这么想呢。但我现在明白了，事情既然已经发生了，就该正视它，坦然地接受它。失败就像成功一样，是人生中难得的经历，它是我们人生中不可避免的一部分。"

医生认为，病人对自己如此宽宏大度，这是一个显著的进步。正像医生所预测的那样，此后，在另外一个工作领域，这个前来求医的患者取得了令人瞩目的成就。

如果人们能坦然接受生活的全部，那么不论是成功还是失败，都不可能使他为之所动。

如果我们对自己采取一种多元主义的态度，我们就会正确看待各种不良心境。沮丧、残酷、执拗，这些都只是暂时的现象，是人的多种情感之一。要求自己完美无缺，怀有这种想法的人往往极其脆弱，他们常常会因为对自己过分苛刻而感到绝望。作为多元主义者，我们有时候可以将自己想象得更好一些，有时候把自己想象得差一点也无妨，我们不再要求自己完美无缺。

每个人的性格中都有引起失败的因素，也有导致成功的因素。我们应有自知之明，把这两个方面都看作是人性的固有成分，接受它

们，进而努力发挥人性中的优点。

心灵悄悄话

人类要学会正确的自乐，只要人类对自身的态度是错误的，他们就不可能正确地对待他人，又何谈快乐呢？如果连自己都不快乐，那么要求他们去影响别人，又从何谈起呢？

塑造让自己快乐的人格

心灵澄澈才会灵动，因灵动而产生轻松而美妙的韵律，这是一种奇特的透射能量，能穿越光怪陆离的霓虹与灯红酒绿。

很多时候，人总是面临两种期待：自己对自己的和别人对自己的。两种期待都在塑造我们的人格，尤其是后一种。当我们在他人特别是互动的另一方的期待下如此这般地创造和扮演自己所选择的角色时，他人的期待就成为我们人格的一部分：有人必须做出忍气吞声的样子以完成下属的角色；有人必须时刻气宇轩昂以维护偶像的气质。

小文在朋友担任老总的公司里供职，为了朋友的信任和自身价值的实现，兢兢业业、任劳任怨，在几次大的业务活动中表现出色，深为老总赏识。但是后来公司的规模越来越大，她和老总在很多公司的企划和问题的处理上看法不一，甚至分歧很大。小文不愿因为彼此的意见不合而伤了她们多年来的友情，但也不愿违背自己的意愿做事。她向别人诉说，那段日子她像钻进了一个没有门的围城，很困惑，她不停地问自己该怎么办？

她的另一个朋友给她讲了琴手谭盾的故事：谭盾初到美国时，只能靠在街头卖艺生存，那时有一个最赚钱的地盘——一家银行的门口。和谭盾一起拉琴的还有一个黑人琴手，他们配合得很好。后来谭盾用卖艺的钱进入大学进修，十年后，谭盾已是一位在国际上知名的音乐家了。一次他发现那位黑人琴手还在那家银行门前拉琴，就过去问候。那位黑人琴手开口便说："嘿！伙计！你现在在哪个最赚钱的

自乐

地盘拉琴?"

故事告诉人们:人,必须懂得及时抽身,离开那些看似最赚钱却不能再进步的地方;人必须鼓起勇气,不断学习,才能开创出生命的另一高峰。

听完故事,小文似乎有些如释重负。后来听说她提出了辞职,再后来遇见她时,她说:"生活真是公平,我现在有了自己满意的工作,用自己的智慧创造着财富,而我的朋友也用她的机智走向了另一条成功的道路。放弃不但使我们之间的友谊更加坚固,还成就了我们各自的事业。"小文的经历应该给我们以启迪。

很多人不愿意放弃自己所拥有的东西,虽然这些东西给你带来过快乐,但是它就像手中的沙子,你越想把它抓得紧,它就越是从你的指缝中溜走。其实放弃也是一种智慧,它能让你更加快乐。

有位留美的计算机博士,毕业后在美国找工作,结果好多家公司都不录用他。思来想去,他决定收起所有的学位证书,以一种"最低身份"再去求职。

不久,一家公司录用他为程序输入员。这实在是大材小用,但他仍干得一丝不苟。不久,老板发现他能看出程序中的错误,非一般的程序输入员可比。这时,他亮出学士证,老板给他一个与大学毕业生相称的工作。

过了一段时间,老板发现他时常能提出许多独到的有价值的建议,远比一般大学生高明。这时他亮出了硕士证,老板又提升了他。

再过一段时间,老板觉得他的能力还是高人一筹。经了解,才知他是博士。这时,老板对他的水平已有了全面认识,毫不犹豫地重用了他。

在协调两种期待的策略上,那位留美博士的反序安排,给人的启迪意味深长。

　　人们在尘世的喧嚣中日复一日地进行着各自的奔波劳碌，像蜜蜂般振动着生活的羽翅，难免会有种种不安。只要平静地对待取舍，放弃应该放弃的，轻松地放飞自己的心灵，用一种乐观的情绪观察周围的一切，就会发现，其实，置身于尘世的喧嚣并不可怕，可怕的是过于沉重地审视尘世的喧嚣而使自己的心境躁动着喧嚣。

　　由钢筋水泥簇拥而起的高楼将狭长的影子倾覆在熙熙攘攘的街道上。空中纵横的电线密如蛛网，偶尔栖落几只可爱的小麻雀，远远望去，如活蹦乱跳的音符，透过喧嚣，竟给人一种恬淡澈明的美妙。

心灵悄悄话

　　心灵澄澈才会灵动，因灵动而产生轻松而美妙的韵律，这是一种奇特的透射能量，能穿越光怪陆离的霓虹与灯红酒绿，穿越红尘沉浮与大悲大喜，化解喧嚣于无形之中。放飞心灵的自由，我们才能在轻松的心境下收获更多。

第九篇　自乐是一种心态

顺势调整好心态

在平凡的生活中，你的锐气和创造才能就会被消磨掉。因此，要想改变自己的人生，就必须积极努力地去改变自己的现状。

佐拉就是靠积极努力改变自己人生的人。

佐拉现在是威尼斯著名的运输公司的老板，他完全控制了整个威尼斯海港的海上运输，资产已经可以购买整个威尼斯城了。但是在他30岁前，他和许多人一样过着非常平凡的生活，不过，他不甘心安于现状。那时，他是一名普通的搬运工，艰辛的工作与微薄的收入，让他产生了自己做老板的想法。

最初，他用手头上很少的资金，承包了一些搬运业务。开始时非常顺利，他手上有了一笔可观的积蓄。但他并没有为此满足，开始承包海港运输中的其他业务。就这样他慢慢熟悉了海港运输的整个流程，以及各种关系。经过几十年的努力与经营扩张，他拥有了整个威尼斯的海港。他在回忆自己的创业经历时说："如果我的想法保守一点的话，我现在依然过着普通而平凡的生活，但我就是不甘于那样，我的脑子里无时不在想着怎么样通过努力去改变那样的生活，今天我终于成功了！"

纵观古今中外，凡是拥有非凡成就的人，无不是通过极大的努力改变了平凡的生活，然后步入辉煌的人生、事业的殿堂。

如果你在平凡的生活里得过且过，你的人生永远不会有阳光。在平凡的生活中，你的锐气和创造才能就会被消磨掉。因此，要想改变自己的人生，就必须积极努力地去改变自己的现状。

那么，我们应该怎样来调整心态呢？

调色。让心灵的色彩与环境的变化合拍适时。在冬雪纷飞的季节里，你穿一身淡色的服装，看上去一定很滑稽。

调温。心灵的温度很重要，也许有时会心灰意冷，有时会炽热异常。或冷或热，都不是正常的心温。正常的心理温度应该是零度，得失怡然，褒贬随缘，气象万千，本然如初。

调度。即调整角度，"我们还有半杯水"和"我们只剩半杯水"，"屡战屡败"和"屡败屡战"，或是《红楼梦》中令贾瑞丧命的那个风月宝鉴，都是一个"问题"的两个方面，但角度一变，则境况迥异。道理就是这样。

调态。心灵的状态，时喜时怒，时慵时懒，要坚持一种生命状态，就不能让心灵喜怒无常，或时爆时辍，或不适时地缓急失度。

心灵悄悄话

我们要像实验室的调剂员那样，不住地品试着心灵的试剂，碱性高了，就增加一点酸性；酸性高了，就增加一点碱性。总之，要想办法将心灵控制在最佳状态中。

每一天都是新的开始

生活常常逼迫我们离开从前那个安全而熟悉的环境，走上未知的征途。出于对未知的恐惧，我们大概一开始都会抵制变化。

当然，你认为你能，你就能使自己惊奇。

生活在美国科罗拉多州大峡谷中的雕，用一种特殊的树枝筑巢，这种树枝特别硬，还有很多刺。

为了寻找这种树枝，雌雕每天要飞到很远的地方去找。巢建好后，雌雕还要在上面铺上树叶、羽毛、杂草，防止幼雕被刺扎伤。随着幼雕的渐渐长大，它们开始在窝内争夺生存空间。它们对食物的需求量迅猛增加，以至于雌雕再也满足不了它们的需求。它本能地感到，为了让这窝幼雕生存下来，就必须让它们离巢。

为了激发幼雕的独立生存能力，雌雕开始撤去巢内的树叶、羽毛等，让树枝上的尖刺显露出来。因为待在巢里感到难受，幼雕纷纷躲到巢的边缘上。这时，雌雕就逗引它们离开巢穴，一旦幼雕离巢后向下坠落时，它们就拼命地扑打着翅膀阻止坠落，你知道接下来发生了什么？——它们开始飞行！

作为人类，我们自己也往往会遇到类似的情景。生活常常逼迫我们离开从前那个安全而熟悉的环境，走上未知的征途。出于对未知的恐惧，我们大概一开始都会抵制变化。但是生活环境的"尖刺"会变得日益难以忍受，正像那些长大的幼雕，我们不得不迈步向前。

很有意思的是，我们的生活可以重新开始！每一天的生活对于我们来说都是一次新的体验。"勤奋"工作的人们可以问一问自己："我真正度过了这么多年，今日如昨日，今年似去年，我是否空耗时日？"

爱迪生曾经说过："倘若你要做 20 年前曾经做过的事情，你会发现，还有更好的办法。"这句话的确很有道理。

俗话说："生活即变化，变化即生活。"换句话说，周围处处有变化。为了我们促进成长，允许变化自然地发生是十分重要的。摩西老奶奶到了晚年才从事绘画，风格上很有创新精神。如果她缺乏继续使自己接受教育的勇气，或者停止她在创作方面的成长，我们就没有机会欣赏到她的作品了。闻名世界的肯德基炸鸡的发明人桑德斯上校到了六十多岁才开始学习快餐业务并申请政府特许。也许，你正在感受精神觉醒方面的较大发展，你的意识在活动中使自己得到新生：你可能看到，你正在使自己的生活跨入新的阶段，不断得到益处。这个变化是可以天天发生、持续不断的。

戴尔·卡耐基曾说："如果你总是按常规做事，就不可能取得进步和发展。"这首先需要我们在思维的领域里敢于突破，敢于变化。

突破思维定式的关键，是要多角度思考、看问题。在创新过程中，在积极寻求某种新的设想时，要有意识地抛开头脑中已形成的思考同类问题的程序和模式，即思维定式，要警惕和排除它对形成新的思路可能产生的束缚作用。

美国作家埃米特·福克斯写道：解决问题的唯一途径，就是"将你的意识提高到你所遇到的困难的水平之上。"一个问题既然成了摆在你面前的障碍，你就很难正确地把握它，因为，它已经占据了你的整个意识领域。一个旅行者从草地上看去，一片森林可能对他构成不小的麻烦：高大的树木挡住了他前往目的地的道路。提高了的意识仿佛是一只热气球，当热气球升至足够的高度，整个森林就能尽收眼底，森林跟它周围环境的关系也就一目了然。距离、高度和提高的意

识水准，都可能为我们提供一个纵观全局的视角，帮助我们制定出应付当前挑战的方案。

决定与判断，建立在我们收集到信息的基础上，而信息主要来自我们的五种官能：触觉、味觉、嗅觉、视觉和听觉。还有一些判断是借助于一般感官之上的某种超验感觉做出的，或许对我们更有利。这种非凡的辨识力一般认为是通过预感（有时称作"直觉"）获得的，有时的确十分灵验。

"勤奋"工作的人们与其把时间都投入到日复一日、年复一年没有变化的工作中去，不如在自己的思维领域与自己的工作中寻求突破和变化，我们要关注新的可能性，发现更好的办事方法，改变常规。就像蝴蝶完成它的变形一样，我们会发现，我们不能再待在自己制造的保护墙后面了。我们内心的某种东西挣扎着要自由，要冲破停滞，上升到一个新的领域。也许，你渴望在这新的一天发现你的真正价值。

心灵悄悄话

当我们抵制变化时，常常就阻碍了进步和发展。我们努力向前迈进，寻找新的和更好的生活方式，也许会发现从未见过的办法，这样，我们就可以为自己和他人带来进步与发展。

把快乐寄托在今天

保持快乐的唯一方式就是抓住生活中的每一次机会，享受生活。并非只有等到你有了金钱和地位时才可以享受生活。

无论对商人、学者、作家、教师、技师，还是对其他专业人员来说，如果要想不断地在自己的领域里取得进步，就一定要让自己的大脑多吸收一些新鲜养料。新知识和新思想正是人类得以进步、社会得以发展的基础。

在人类历史的早期，当时楠塔基特岛上的路很少，且道路状况很差。在那布满沙子的平原上，到处贴着告示，警示过客们"不要重复走老路"。最近，一个作家解释说："这句话的意思很明显，就是奉劝过路人不要每一次都去重复地走前人的老路。最好自己开辟一条新路。这样，自己会有一些收获，也为大家做了好事。"

我们都知道思想僵化的害处。有一句成语叫"熟视无睹"，意思就是说，如果一个人总是处在同样的环境中，对环境的熟悉使我们对于它的缺点视而不见。如果思想缺乏交流，那么思想就失去了灵活性和对新事物的敏感性。如果我们不是常常追求进步，保持如年轻人般敏锐的头脑，那么不仅我们自己的工作会受到阻碍，我们整个人都会变得平庸。大脑像肌肉一样，只有在使用中才能得到磨练。如果一个人在工作中停止了思考，那么日渐一日，他的大脑会变得迟钝，他的工作毫无进步，直到最后他失去了进取心，不能公正地评价自己的工

作，这个时候，他就不再进步了，而开始大步地倒退了。

不断地超越自我，没有什么比这更能够催人进步。不管一个人的职业是什么，如果他每年都能够彻底地反省一次，找出自己的缺点和认清阻碍自己进步的地方，那么他将会取得十倍于现在的成就。

当人们觉得他们可以去追求一点快乐的时候，他们可以去国外旅行，可以去听音乐会，可以去购买一件艺术品，可以通过阅读开阔自己的眼界时，已经太晚了。他们习惯了单调的生活。生活失去了色彩，热情消逝了，雄心磨灭了。长年的压抑破坏了自己享受生活的能力，他们牺牲了自己的健康和快乐得来的东西却变得一文不值了。

心灵悄悄话

难道生活就仅仅是吃喝拉撒睡吗？除了美元、土地、房屋和银行账户外，生活难道不应该有其他的一些乐趣吗？既然上帝赋予了我们神奇的力量，为什么要让它磨灭呢？如果人只像野兽那样过得毫无生活乐趣，人就不成其为人了。